LAS INDUSTRIAS, SIGLOS XVI AL XX

TÍTULOS DE LA COLECCIÓN

1. *La antigüedad*, Enrique Semo
2. *La Colonia*, Mónica Blanco y María Eugenia Romero Sotelo
3. *De la Independencia a la Revolución*, Guillermo Beato
4. *De la Revolución a la industrialización*, Sergio de la Peña y Teresa Aguirre
5. *El desarrollismo*, Elsa M. Gracida
6. *La era neoliberal*, José Luis Ávila
7. *La población, siglos XVI al XX*, Elsa Malvido
8. *El desarrollo regional y la organización del espacio, siglos XVI al XX*, Bernardo García Martínez
9. *La agricultura, siglos XVI al XX*, Esperanza Fujigaki
10. *Recursos del subsuelo, siglos XVI al XX*, Inés Herrera y Eloy González Marín
11. *Las industrias, siglos XVI al XX*, Manuel Plana
12. *La tecnología, siglos XVI al XX*, Leonel Corona
13. *Los transportes, siglos XVI al XX*, Luis Jáuregui

COORDINACIÓN DE DIFUSIÓN CULTURAL, UNAM
Dirección General de Publicaciones y Fomento Editorial

EDITORIAL OCEANO

HISTORIA ECONÓMICA DE MÉXICO

COORDINADOR
Enrique Semo

Las industrias,
siglos XVI al XX

MANUEL PLANA

UNAM   OCEANO

MÉXICO
2004

Primera edición: 2004

D. R. © Universidad Nacional Autónoma de México
Dirección General de Publicaciones y Fomento Editorial
Ciudad Universitaria, 04510, México, D. F.

ISBN 970-32-0805-3 (obra completa)
ISBN 970-32-1495-9

D. R. © Editorial Oceano de México, S. A. de C. V.
Eugenio Sue 59
Colonia Chapultepec Polanco
México 11560, D. F.

ISBN 970-651-828-2 (obra completa)
ISBN 970-651-839-8

Prohibida su reproducción parcial o total por cualquier medio,
sin la autorización escrita del legítimo titular de los derechos

Impreso y hecho en México

Presentación

LOS 13 TOMOS DE ESTA OBRA conforman una historia económica de las poblaciones que han habitado lo que hoy es el territorio de la república mexicana. Comienza con la llegada del hombre y termina en el año 2000, pero la mayor parte del texto está dedicado a los cinco siglos que comprenden el periodo colonial y las épocas moderna y contemporánea del México independiente.

Es una narración y una descripción de los diferentes modos en que los pobladores de esta región se han organizado para producir, distribuir y consumir bienes y servicios, una historia muy larga y accidentada que cubre más de 20 000 años y cuyos sujetos sociales son la banda, la tribu, las civilizaciones tributarias, la compleja sociedad colonial y, finalmente, la nación soberana que se configuró en el siglo XIX y que ha llegado a su plena madurez sólo en el XX.

En su elaboración participaron 16 autores; cada uno escribió su texto de acuerdo con sus propios criterios y su visión del tema que le correspondió desarrollar. Sin embargo, hubo un intenso trabajo colectivo de intercambio de ideas, opiniones y materiales que acabó reflejándose en ciertos enfoques comunes. En múltiples reuniones se discutieron guiones, manuscritos iniciales y textos finales. Temas como la periodización, las fuentes, la relación entre análisis y narración fueron objeto de largas discusiones.

La obra se inspira en los principios de la economía política que considera que las relaciones económicas, sociales, políticas y culturales forman un todo inseparable y que el objetivo de la historia económica es captar la forma en que estas relaciones se entretejen en el desarrollo económico, que es el objeto de su estudio. La *Historia económica de México* se propuso sintetizar los resultados de infinidad de investigaciones particulares especializadas y ofrecer al lector una visión coherente de conjunto, basada en el conocimiento actual de los temas abordados. Esperamos que todos los interesados en la historia económica, pero especialmente los estudiantes de economía e historia, encuentren en ella tanto una obra de consulta como un marco de referencia y una fuente de inspiración teórica para nuevos estudios.

La obra introduce un enfoque doble que se propone abordar, a la vez, el estudio de los sistemas económicos que caracterizan cada etapa del desarrollo y la evolución de algunas ramas de la economía, con sus particularidades a lo largo de los últimos cinco siglos. Este enfoque está sustentado en la hipótesis de que el desarrollo de la economía es, al mismo tiempo, desigual y combinado. De que si bien las partes dependen del todo, tienen también una dinámica propia; que los tiempos del sistema no siempre coinciden con los de sus componentes.

Los primeros seis volúmenes describen la evolución de los sistemas económicos de cada periodo. El primero está dedicado a la historia antigua y el segundo a la época colonial. El tercero cubre el siglo XIX y los siguientes tres el siglo XX, examinando la Revolución mexicana y sus efectos: la industrialización orientada por el proyecto desarrollista y la integración de México al proceso de globalización, dominado por las ideas del neoliberalismo.

Los siete textos siguientes cubren los temas de la población, el desarrollo regional, el uso de los recursos del subsuelo, la agricultura, la industria, la tecnología, así como los transportes y las comunicaciones a lo largo de cinco siglos, cada uno con sus rasgos distintivos.

Este proyecto pudo realizarse gracias al auspicio de la Facultad de Economía de la Universidad Nacional Autónoma de México (UNAM) y al soporte financiero del Programa de Apoyo a Proyectos Institucionales para el Mejoramiento de la Enseñanza (PAPIME). Agradecemos al licenciado Juan Pablo Arroyo Ortiz, entonces director de la Facultad de Economía, su apoyo y participación entusiasta; asimismo dejamos constancia de nuestro reconocimiento al doctor Roberto I. Escalante Semerena, actual director de dicha Facultad, por su interés en la publicación de esta obra. Esta edición no hubiera sido posible sin la iniciativa y la perseverancia de Rogelio Carvajal, editor de Oceano, y su eficiente equipo de trabajo. Y no podía faltar nuestra gratitud más sincera al maestro Ignacio Solares Bernal, coordinador de Difusión Cultural, y al maestro Hernán Lara Zavala, titular de la Dirección General de Publicaciones y Fomento Editorial de la UNAM y a sus colaboradores, por su asistencia, siempre amistosa y eficaz, para la presente publicación.

México, 3 de noviembre de 2003

ENRIQUE SEMO

Introducción

Este ensayo constituye una síntesis, por sectores, de la evolución de las principales manufacturas coloniales y de las modernas ramas industriales a lo largo de un arco temporal amplio. La estructura del texto, con sus subdivisiones, no está concebida para dar una visión diacrónica de la formación de la economía industrial. El punto de partida se coloca en la época colonial, razón por la cual las dos primeras partes empiezan por el examen de las principales formas de manufactura en la Nueva España: en la primera, el obraje lanero como ejemplo significativo de organización de la producción para los centros urbanos y mineros coloniales y, en la segunda, el ingenio azucarero y las fábricas de tabaco —establecidas tras la creación en 1764 del monopolio por parte de la corona española—, manufacturas a las que tal vez habría que añadir los molinos de trigo. A pesar de las diferencias —en términos de dimensión, de expansión territorial de las unidades productivas y del tipo de materia prima empleada—, estas manufacturas concentraban una importante fuerza de trabajo, utilizaban energía hidráulica, como el ingenio, y disponían de instrumentos técnicos, excepto en el caso del tabaco: se distinguían del trabajo doméstico o a domicilio y de la artesanía indígena en general.

La industrialización fue un fenómeno histórico general que se desplegó entre finales del siglo XVIII y la mitad del siglo XIX. Las variables de cada caso nacional, independientemente de la presencia o no de importantes precedentes de actividades textiles, metalúrgicas o de otra naturaleza, parecen muy diversificadas y esta multiplicidad de experiencias, empezando por la revolución industrial inglesa, ha creado dificultades para identificar los momentos iniciales. Al mismo tiempo, la historiografía nos indica que la industrialización se presenta como un proceso en el que convergen varios factores: innovaciones técnicas, crecimiento de la población, transformaciones en la tenencia de la tierra y en la producción agraria, modificaciones en el sistema de transportes, comercio internacional de bienes manufacturados, además de los aspectos relativos a la formación de capital y del mercado de trabajo, así como la creación de un marco jurídico adecuado por parte de las instituciones públicas.

Stephen H. Haber, quien ha dedicado varios trabajos al tema de la industrialización mexicana, en un artículo de carácter historiográfico aparecido en 1993 en la revista *Historia Mexicana* afirmaba que hasta, alrededor de, 1980 los análisis llevados a cabo por los economistas, que se habían interesado por los problemas del desarrollo posbélico a la luz de la substitución de importaciones, transmitían la idea de una industrialización que había sentado sólidas bases sólo a partir de la segunda guerra mundial. Esta percepción encubría, en primer lugar, el hecho que los estudios históricos sobre los orígenes de la industria abarcaban fundamentalmente el siglo XIX hasta la Revolución de 1910, que aparecía como una brusca interrupción del crecimiento económico y, en segundo lugar, la falta de trabajos históricos sistemáticos para el periodo posrevolucionario entre las dos guerras mundiales, acentuando de este modo la impresión de una fractura. Esta visión, con cortes tan abruptos, ha perdido vigencia, restituyendo el peso que le correspondía a la historiografía que había colocado el impulso hacia la industrialización en la época porfiriana, a pesar de la incertidumbre creada por los obstáculos presentes a lo largo del siglo XIX y de la exigencia de dar cuenta del surgimiento de las primeras empresas fabriles. Los trabajos de Luis Chávez Orozco sobre el comercio exterior de México tras la Independencia y de los investigadores que, bajo la coordinación de Daniel Cosío Villegas, elaboraron la *Historia moderna de México* representaron un decisivo estímulo para el estudio de la industrialización mexicana del siglo XIX. Luego siguieron varios trabajos sobre la industria textil en Puebla y se han multiplicado monografías sobre las fábricas textiles en otras regiones, sobre la mecanización de los ingenios y sobre los orígenes de las grandes empresas de principios del siglo XX. En definitiva, puesto que los estudios históricos sobre la industrialización mexicana se han concentrado en el siglo XIX, y en particular sobre la industria textil, el debate historiográfico se ha referido a las transformaciones de aquel siglo.

En efecto, John H. Coatsworth, en varios ensayos, ha llamado la atención de los investigadores sobre la decadencia de la economía mexicana, y en particular de la minería, entre la época de las reformas borbónicas y 1860, lo que habría acentuado la brecha existente respecto a los países que se estaban industrializando a principios del siglo XIX e indicaba, en aquella fase, el elemento explicativo, de fondo, del atraso acumulado por México en el tiempo, señalando los obstáculos representados por una ineficiente organización económica. Las observaciones de Coatsworth resultan importantes desde el punto de vista metodológico, para comprender el contexto económico en que se insertaron las actividades de las primeras fábricas textiles que a partir de 1835 surgieron en varias regiones del país. Los estudios sobre la industria textil hasta 1860 indican, de hecho, el débil nivel alcanzado cuando señalan, como características principales, el recurso a la energía hidráulica y la importante presencia de tejedores manuales junto a los repartos mecanizados, así como los problemas encontrados en las transacciones comerciales por lo que se refiere a la limitada esfera de acción y a los elevados costos de transporte.

Stephen H. Haber, por su parte, ha señalado que los obstáculos para el crecimiento de la industria entre 1830 y 1880 fueron de naturaleza externa a las empresas a causa del predominio de una agricultura precapitalista, de la debilidad del mercado interno, de las dificultades del sistema de transportes y de los condicionamientos de la vida política, mientras entre 1880 y 1940 los obstáculos habrían sido más bien internos a las empresas. Las transformaciones que tuvieron lugar a partir de la Reforma, con su secuela de crisis políticas, y con la restauración de la República en 1867 contribuyeron a modificar aquel panorama, llegando a una progresiva institucionalización de los derechos y garantías del régimen de propiedad y de los intereses económicos modificando viejas trabas: un conjunto de garantías en el terreno jurídico que, según las concepciones propias del liberalismo, favorecerá la esfera de acción del mercado.

La efectiva expansión industrial manufacturera tuvo lugar después de 1870 alentada por los cambios que se verificaron en la política económica interna y a través de una serie de transformaciones concomitantes como la inserción de México en los flujos del mercado internacional, la construcción de los ferrocarriles, la movilización de capitales y la aparición del crédito bancario. Sin embargo, este crecimiento hay que colocarlo, también, en el contexto general de la evolución de la economía mundial de la época ante el enorme incremento de la capacidad productiva por parte de los países industrializados a raíz de la revolución tecnológica en el campo de la electricidad y de la química, factores que dieron lugar a una gran variedad de productos de consumo. En el último cuarto del siglo XIX había crecido el número de países industriales determinando un notable ensanchamiento del mercado internacional de productos primarios y de materias primas. Se multiplicaron, en definitiva, los polos de desarrollo industrial con las relativas formas de proteccionismo a nivel nacional y tuvo lugar una concentración en sectores productivos claves. Fue en este panorama de finales del siglo XIX que se amplió y se modificó efectivamente la estructura industrial de México a partir de la misma industria textil y de transformación de productos primarios, aunque no se consiguiera crear márgenes para la exportación de los productos manufacturados. La inversión de capitales extranjeros en los ferrocarriles, en la minería de metales industriales, en la energía eléctrica y en la explotación petrolera había modificado la estructura y la geografía industrial de México antes de la Revolución de 1910, con el consiguiente incremento de los núcleos productivos en el centro y en el norte.

El progreso técnico para transformar los recursos metálicos y la posibilidad de disponer de fuentes de energía jugaron un papel fundamental en el proceso general de industrialización del siglo XIX y determinaron en parte las diferencias entre los países industriales. La amplia distribución geográfica de las minas de metales preciosos en México permitió, tras la crisis de este sector durante la Independencia, mantener una especialización productiva en varias regiones, misma que se mantuvo después de 1820 cuando las compañías británicas invirtieron en esta actividad extractiva, pero la relevancia económica de la plata había sido desplazada para finales del siglo XIX por la extracción de metales industriales en nuevas zonas mineras del país. La minería en México ha podido contar con una gama de minerales y metales que constituyen materias primas para la industria, pero mientras la mayor parte de los minerales se encuentran geográficamente localizados en algunas áreas de pocas naciones, en cambio el hierro y el carbón de piedra —determinantes para el desarrollo industrial— se hallan mayormente distribuidos en los países europeos y los Estados Unidos. A finales del siglo XIX existían en México algunas pequeñas fundiciones de hierro con una tecnología antigua y con una producción limitada a pocas cantidades de piezas en molde y de fierro dúctil. La explotación del carbón mineral mexicano fue tardía y tuvo escaso peso como fuente de energía, lo que ha representado un factor de freno del crecimiento industrial.

El desarrollo de la minería mexicana de metales industriales no ferrosos a finales del siglo XIX por parte de las compañías extranjeras, en particular estadunidenses, había determinado la introducción de talleres para tratar los minerales destinados a la exportación. La adopción, en 1890, por parte del gobierno estadunidense del arancel McKinley en defensa de la propia industria metalúrgica y de las propias reservas de metales —sobre todo plomo y cobre—, indujo a algunas sociedades estadunidenses a crear grandes plantas en México que, como las de los Guggenheim en Aguascalientes y en Monterrey, contribuyeron a consolidar la vocación industrial de estos centros. Sin embargo, las inversiones extranjeras en la minería y en la construcción de la red ferrocarrilera no alentaron de inmediato la creación de una industria siderúrgica en México y cuando ésta surgió a principios del siglo XX sentó las bases técnicas y de infraestructura para su posterior crecimiento, pero hasta los años de la segunda guerra mundial encontró dificultades para convertirse en el fulcro del crecimiento industrial.

La Revolución de 1910 ha representado en términos historiográficos un parteaguas de la vida política y social de México. Durante la fase armada se verificó, sin duda, una desarticulación de las actividades productivas con cierres temporales de fábricas y parálisis de la minería, acompañada de hiperinflación e inestabilidad monetaria. La perturbación más duradera para el sistema industrial, hasta principios de los años veinte, fue debida a los daños causados a la red de transportes de los ferrocarriles y a las consiguientes dificultades para el abastecimiento de materias primas y combustibles, de productos y mercancías. Los años centrales de la revolución coincidieron con la primera guerra mundial, que provocó la caída del comercio internacional y la sucesiva depresión mundial de 1919-1921, un periodo en el cual los principales países industriales europeos se vieron afectados por la guerra y varios países latinoamericanos conocieron una disminución de su comercio exterior. El principal punto de fricción internacional para la economía de México fue hasta 1927. La compleja y prolongada cuestión petrolera con el corolario de la deuda externa y la caída de las inversiones extranjeras en una década de liquidez.

La situación interna de México en los años veinte se caracterizó por un clima de inestabilidad social en el campo y por recurrentes crisis políticas, sobre la que repercutió además el impacto de la crisis económica mundial de 1929-1932. Por otro lado, a los cambios constitucionales introducidos en 1917, en puntos esenciales de la modernización global de la sociedad, siguieron, en aquellos años difíciles, medidas de política económica y de intervención pública para estimular la vida productiva: la creación en 1925 del Banco de México —que actuó como banco central— y de otras instituciones de crédito, así como la institución de la Comisión de Caminos que promovió el tendido de la red de carreteras, premisa indispensable para la motorización y la distribución más capilar de bienes y mercancías, y de la Comisión Nacional de Irrigación; al mismo tiempo, desde 1928 se intentó regular las tarifas eléctricas hasta que en 1933 fue creada la Comisión Federal de Electricidad, así como Nacional Financiera que empezó a actuar como banco de desarrollo, mientras en 1934 fue instituido Petróleos Mexicanos para reglamentar la comercialización interna de combustibles.

Enrique Cárdenas, en su trabajo de 1988 sobre la industrialización de México entre las dos guerras mundiales, ha documentado que el crecimiento industrial fue importante y más significativo respecto al resto de la economía, subrayando la función expansiva del sector de la energía eléctrica y del incremento de las obras públicas. El sistema industrial en México, sin embargo, siguió anclado a los sectores que se habían expandido a principios del siglo XX (textil, alimentos y bebidas, calzado, tabaco, papel, vidrio, siderurgia, construcción) utilizando la capacidad instalada entonces como ha señalado puntualmente Stephen H. Haber. La expropiación de las compañías petroleras en 1938 abrió una crisis en las relaciones con los Estados Unidos y Gran Bretaña y representó el inicio de la moderna industria química y de la petroquímica de base. El impulso representado por la segunda guerra mundial, tras los acuerdos bilaterales de 1941-1942 con los Estados Unidos para resolver la indemnización de las compañías petroleras y la colaboración al esfuerzo bélico de los aliados, estuvo ligado al aumento de la demanda por parte de la economía estadunidense y de la misma demanda interna a causa de las restricciones impuestas a las exportaciones por el gobierno estadunidense. En los años cuarenta se registraron, en efecto, cambios significativos en la industria siderúrgica dando lugar a la instalación de Altos Hornos en Monclova y al surgimiento de varias empresas privadas de laminados; empezó entonces la producción de motores y de aparatos eléctricos, así como la ampliación de las empresas de ensamble en el sector automotriz.

Las nacionalizaciones o mexicanización en los años sesenta (energía eléctrica y minería), que tanta parte han tenido en subrayar la intervención pública en la industrialización posbélica, y la misma creación de empresas de participación mixta no representan una tendencia sólo mexicana o latinoamericana, sino que fue un hecho también europeo en las industrias básicas que habían perdido capacidad de exportar por el aumento general de la producción y debido a la necesidad de grandes inversiones en las economías de escala. La expansión de la potencia económica de los Estados Unidos tras la segunda guerra mundial y la recobrada capacidad productiva y de exportación de Europa y Japón después de la reconstrucción, abrieron una nueva fase para las economías industriales que se tradujo en México, y en América Latina en general, en una apertura a las compañías multinacionales para la producción *in loco* de bienes de consumo durables e intermedios.

El problema fundamental para la industria mexicana, anclada en el horizonte del mercado interno por largo tiempo, se coloca en el terreno de la producción de bienes durables y de bienes de capital, sectores en los que la tecnología, las economías de escala y la capacidad de exportar constituyen factores decisivos. Las dificultades para superar el marco del mercado interno como fulcro de la política industrial mexicana han sido de varia naturaleza, desde los bajos niveles de productividad hasta la política de varios gobiernos para realizar acuerdos de intercambio comercial de mayor o menor amplitud, pero hay que considerar también las condiciones estructurales —desequilibrio entre agricultura y población, limitado tamaño del mercado interno, desigual distribución del ingreso, medidas arancelarias de corte proteccionista e inflación— ante el panorama de la progresiva internacionalización de las economías industriales y de los consiguientes problemas de competitividad. La crisis de la deuda externa de 1982 y las sucesivas reconversiones de la política industrial, dejan abiertos todavía varios interrogantes sobre la eficacia de las medidas adoptadas. En definitiva, este capítulo se propone ofrecer al lector una síntesis sectorial de la evolución industrial mexicana en una perspectiva de periodo largo en la que el proceso histórico contribuya a esclarecer la efectiva dimensión de las transformaciones de la sociedad.

Manufacturas e industrias intensivas de recursos naturales renovables

EL OBRAJE Y EL TRABAJO DOMÉSTICO DE ALGODÓN

EL OBRAJE LANERO REPRESENTA la forma más importante de manufactura colonial surgida en la década de 1530 y aunque en el siglo XVIII los obrajes disminuyeron, con la consiguiente caída de la producción de paños de lana en favor de la producción artesanal de algodón, éstos siguieron activos hasta la Independencia. El obraje se presenta como una estructura arquitectónica sencilla, en la que convivían residencia y lugar de trabajo, pero especializada en las varias operaciones del tratamiento de la lana.[1] En 1539 Francisco de Peñafiel estableció en Puebla un obraje para hacer paños y luego la región pasó a ser el centro de la actividad sedera hasta que en 1569 fueron aplicadas las ordenanzas restrictivas emanadas en 1542 para el valle de México por el virrey Mendoza suprimiendo el trabajo de las hilanderas indígenas y la libre producción de tejidos.[2]

---

[1] Manuel Miño Grijalva, *La manufactura colonial. La constitución técnica del obraje*, El Colegio de México, México, 1993, pp. 21 y ss.
[2] Jan Bazant, "Evolución de la industria textil poblana (1544-1845)", en *Historia Mexicana*, vol. XIII, núm. 4, El Colegio de México, México, abril-junio de 1964, pp. 477 y ss.

El auge de la expansión de los obrajes tuvo lugar entre 1570 —en particular en la cuenca de Puebla-Tlaxcala— y principios del siglo XVII. Informes para 1597 registraban 34 obrajes en Puebla con un promedio de 6.32 telares y 70 trabajadores, mientras en México había sólo siete; pocos años después, según el informe de 1604, la estructura obrajera de Puebla no se había modificado pero en la ciudad de México los obrajes de paños habían aumentado a 25, además de los existentes en las poblaciones de los alrededores.[3] Los obrajes poblanos disminuyeron a partir de 1630 cuando fue prohibido el comercio intercolonial y Puebla perdió el mercado andino que empezó a abastecerse con su propia actividad textil. Para 1759, de los 84 obrajes que existían en Nueva España, algo menos de la mitad se encontraban en la ciudad de México y en Querétaro, mientras en la región de Puebla habían disminuido a cinco; dos décadas después habían surgido otros 13 en Acámbaro, que pasó a ser de esta manera un importante centro textil, pero a principios del siglo XIX había sólo seis obrajes activos alrededor de la ciudad de México (tres en Coyoacán, uno en Tacuba y dos en la ciudad) y 13 en Querétaro. La distribución regional de la producción textil novohispana se coloca en el centro de la red mercantil del espacio económico creado por la expansión de la minería. Los principales centros textiles laneros se encontraban en las regiones alrededor de la ciudad de México y, sobre todo, en El Bajío y en Querétaro. Sin embargo, en El Bajío el nivel de concentración fue menor que en otras regiones debido a la integración de la economía regional con la minería y la producción agrícola, lo que se tradujo en una relativa especialización de los obrajes dedicados a tejidos de lana anchos

---

[3] Carmen Viqueira y José Ignacio Urquiola, *Los obrajes en la Nueva España (1530-1630)*, CNCA, México, 1990, pp. 133-137.

(Querétaro, San Miguel) o angostos (Acámbaro) y en una mayor presencia de tejedores domésticos y a domicilio.[4]

Hubo varias ordenanzas a partir de 1569 relativas a los aspectos productivos, a las condiciones de trabajo y a las disposiciones sobre los gremios de obrajería. Entre las funciones de los gremios estaba la supervisión de la calidad de los paños y de las telas; al mismo tiempo tenían que controlar el nivel de conocimiento de las técnicas laneras examinando a los maestros y otorgando así licencias para ejercer el oficio. Los gremios entablaron con el tiempo una lucha contra quienes trabajaban sin licencia en los telares domésticos o producían artículos que escapaban a su control. Las dificultades encontradas por los gremios para imponer que los propietarios de obrajes fueran maestros con capacidades técnicas reconocidas resultan, con bastante frecuencia, de los documentos de la época, sobre todo a causa de la escasez de capitales, lo que favoreció la presencia de inversionistas que contrataban maestros como mayordomos. Los gremios, sin embargo, en algunos momentos consiguieron ejercer acciones comunes ante las imposiciones fiscales y las propuestas de aumento de las alcabalas por parte de las autoridades políticas. La demanda de lana para los obrajes, a partir de la mitad del siglo XVI, dio lugar a incrementar la cría de ovejas que se multiplicaron, en la centuria siguiente, desplazando al ganado mayor en las regiones del centro-norte, hasta tal punto que los criadores de ovejas pasaron a ser grandes propietarios de tierras. Las estancias de ganado menor en un principio habían surgido en México, Puebla, Querétaro, Aguascalientes y Zacatecas, pero a finales del siglo XVII el ganado lanar cobró gran pujanza en Durango

---

[4] Manuel Miño Grijalva, *Obrajes y tejedores de Nueva España, 1700-1810*, Instituto de Cooperación Iberoamericana, Madrid, 1990, pp. 73 y ss.

y San Luis Potosí, así como en Guadalajara y Michoacán y en general en las Provincias Internas. Este desplazamiento regional de los núcleos productores de lana obedecía a algunos factores generales de la colonización del norte pero en las áreas del centro, y en mayor medida en El Bajío, se debió a la ampliación de la agricultura a expensas del pastoreo puesto que el crecimiento de las actividades mineras requería mayor cantidad de productos agrícolas. Las estimaciones del número de cabezas de ganado lanar (alrededor de 10.5 millones) para principios del siglo XIX indican la existencia de una abundante producción de lana, hecho que, ante la estabilidad de los precios, ha llevado a descartar la escasez de materia prima como elemento explicativo de la crisis obrajera. La ordenanza de 1599 que invitaba a instalar los obrajes en las cabeceras de los obispados se relacionaba con la crisis demográfica. El descenso de la población en el siglo XVI asumió grandes proporciones a causa de las recurrentes epidemias. A la dispersión de los obrajes del primer siglo de colonización siguió un intento de concentrar estas actividades manufactureras en los alrededores de los núcleos urbanos para tener un mejor acceso a la mano de obra indígena y a las fuentes de agua necesarias. La disminución del número de obrajes después de 1570 responde a esta pauta general de la sociedad novohispana y a una consolidación de la técnica manufacturera que se mantendrá sin sensibles modificaciones hasta fines del periodo colonial. Cabe señalar, sin embargo, que hubo también obrajes en el contexto rural creados por razones ligadas a la presencia de mano de obra indígena o establecidos, en zonas alejadas del norte, en las mismas haciendas de ovejas. Los datos disponibles sobre la fuerza de trabajo ocupada en los obrajes y en el sector textil globalmente considerado para los siglos coloniales ofrecen una gran variedad de situaciones. A partir de 1601, y durante todo el siglo XVII, aumentaron las presiones de las autoridades ante la crisis demográfica para prohibir que los obrajes emplearan indios y aceptaran, en cambio, esclavos negros. En las primeras décadas del siglo XVIII hubo análogas presiones para que los obrajes aceptaran a los reos; sin embargo, el repartimiento de reos fue abolido en 1767, lo que generalizó el recurso a la fuerza de trabajo indígena bajo la forma del peonaje. El tiempo de permanencia de los 69 casos de servicio por delitos registrados en los obrajes de Puebla y Querétaro entre 1572 y 1610 fue, para la mayor parte, de menos de uno a dos años.[5]

A mitad del siglo XVIII los obrajes existentes en el valle de México tuvieron hasta 200 trabajadores, pero en otras zonas el número fue inferior y en muchos casos por debajo de 40 trabajadores. Sin embargo, hay que tener en cuenta la distinta distribución del trabajo que se daba en los varios obrajes, como la mayor o menor presencia de hiladores, cardadores, bataneros, tejedores y tintoreros, en función de la diversificación del proceso productivo; cabe también recordar que los datos recabados de los documentos de la época se refieren generalmente a españoles, mestizos y pardos, y no registran la población indígena ligada a la actividad textil. Por lo que se refiere a los salarios —medidos por lo general a través de la capacidad adquisitiva de maíz—, a pesar de las diferencias regionales y el pago a destajo según el tipo de especialización, en general se suele admitir que no hubo variaciones sensibles respecto a otras actividades; los obrajeros, además, recurrían al pago parcial en paños y a las varias formas del sistema de raya. Las biografías de los propietarios de obrajes a partir del siglo XVII nos indican una relación muy estrecha con las fuentes de crédito de

---
[5] Carmen Viqueira y José Ignacio Urquiola, *op. cit.*, cuadro XIV, p. 200.

la época garantizables en gran medida con la disponibilidad de bienes propios o con la misma amplitud de la red familiar, lo que determinó una relativa inestabilidad por continuos traspasos resultado de gravámenes, presiones de los acreedores y quiebras. En la región de Puebla a finales del siglo XVI los obrajeros fueron oficiales de paños españoles que luego ampliaron sus actividades. El ejemplo de la familia Vértiz que poseyó el obraje Panzacola de Coyoacán desde alrededor de 1720 hasta su cierre en 1827, a pesar de algunas vicisitudes seguidas a la quiebra de 1785, no constituye la norma. El obraje Ansaldo de Coyoacán surgido a principios del siglo XVII sufrió hasta 1740 varios traspasos por deudas, así como la competencia entre los obrajeros de San Miguel llevó entre 1758 y 1771 a un grave conflicto con Balthasar de Sauto, quien había creado un importante obraje en los años de 1740. Entre los propietarios de obrajes predominaron los comerciantes, como en Querétaro, pero no faltaron los maestros con licencia como José Pimentel, quien en 1734 había sido administrador del obraje de Andonegui en Tacuba.[6]

El obraje como unidad manufacturera se distinguió, pues, por una relativa concentración de la fuerza de trabajo y por la necesidad de disponer de instrumentos técnicos, sobre todo el batán y las pailas para teñir los paños, aspectos que requerían mayores inversiones respecto al sector artesanal del algodón. Los cálculos documentables sobre las inversiones en los obrajes varían bastante en el tiempo, pero el valor de los instrumentos en general superaba al de la materia prima, aunque resultaba muy por debajo del valor de los edificios y de la fuerza de trabajo;[7] en Puebla, por ejemplo, a principios del siglo XVII

---

[6] Richard J. Salvucci, *Textiles y capitalismo en México. Una historia económica de los obrajes, 1539-1840*, Alianza Editorial, México, 1992, pp. 108-144.

[7] Manuel Miño Grijalva, *La manufactura colonial, op. cit.*, pp. 38, 59-63.

ésta oscilaba entre un 30 y un 70% de las inversiones. La producción de los obrajes en 1600 había sido, según algunas estimaciones, de 1.5 millones de pesos y para finales del siglo XVIII la producción anual de los que seguían existiendo no parece haber sido muy superior.[8] El obraje con su especialización técnica comportaba, pues, un ciclo productivo articulado y costoso. La crisis del obraje novohispano en el siglo XVIII hay que ponerla en relación con su misma inestabilidad que empujó paulatinamente a los tejedores hacia el trabajo doméstico, adelantándose a su efectiva desaparición durante la Independencia; se trata de una tesis documentada por los estudios históricos recientes.[9] Ante la crisis obrajera, en la segunda mitad del siglo XVIII se abrió paso la actividad textil algodonera por parte de los tejedores independientes, hecho que respondió a las pautas generales del crecimiento económico de la sociedad colonial.

El trabajo doméstico de tejidos de algodón fue cobrando vigor porque ante el menor costo de producción, respecto al obraje, los comerciantes empezaron a actuar como intermediarios, respecto al tejedor y al mercado. El proceso productivo del algodón era más sencillo que el de la lana y por lo tanto podía efectuarse en pequeños talleres o directamente por parte de los tejedores. El gremio de pañeros surgió en 1592 en México y en 1767 en Puebla; una década después operaba ya en Puebla un gremio algodonero con ordenanzas que intentaron consolidar la presencia de aprendices examinados. A mitad del siglo XVIII se solicitó la creación de gremios de tejedores de algodón en Tlaxcala, Oaxaca y otras localidades, hecho que

---

[8] Richard J. Salvucci, *op. cit.*, p. 223; Manuel Miño Grijalva, *Obrajes y tejedores de Nueva España, 1700-1810*, *op. cit.*, pp. 322-323.

[9] Manuel Miño Grijalva, *La protoindustria colonial hispanoamericana*, El Colegio de México, México, 1993, pp. 41 y ss.

respondía no sólo a la defensa del orden tradicional del trabajo (maestros, oficiales y aprendices) o de la calidad de los tejidos, sino también al gran número de tejedores domésticos que escapaban a cualquier control. La actividad textil algodonera se caracterizaba por un doble fenómeno a partir de la mitad del siglo XVIII: por un lado, hay que considerar el papel creciente del comerciante como intermediario que proporciona la materia prima y canaliza los tejidos hacia el mercado, es decir sin participar en el proceso productivo; por otro lado, el aumento de los tejedores fuera del control de los gremios. A mitad del siglo XVIII la producción de tejidos de algodón se desarrolló en Puebla y en Oaxaca, y para finales de siglo en Guadalajara. Esta amplia distribución regional respondió en cierta medida a múltiples factores, en particular a la disponibilidad de la fuerza de trabajo y a la cercanía de los mercados urbanos, pero en el caso de los tejidos de algodón también al fácil acceso al abastecimiento de materias primas, producidas en la costa del Pacífico, para Oaxaca y Guadalajara, o en la costa de Sotavento de Veracruz para la región poblana.

El algodón se encontraba como recurso natural desde la época prehispánica; cuando empezó a comercializarse en el periodo colonial para las actividades textiles, determinó el surgimiento de nuevas relaciones productivas y mercantiles, desde el cultivo hasta el transporte y las operaciones de despepite. La siembra y el cultivo de algodón, en cuanto nueva actividad productiva, se dieron hacia la mitad del siglo XVIII en las tierras bajas de Veracruz cuando en 1751 se recurrió a la práctica del repartimiento o habilitación por parte de los comerciantes, quienes se sirvieron de los alcaldes mayores como trámite con los productores indígenas. El impulso inicial al cultivo del algodón se debió, sobre todo, a las exigencias del comercio colonial catalán que desde la segunda década del siglo XVIII había instaurado un importante tráfico de substancias colorantes. Esto produjo un aumento en la demanda de algodón en el mismo espacio novohispano, ampliando la actividad textil en esta dirección y creando las premisas para un cambio de especialización. Hacia finales del siglo XVIII, ante la prohibición, en 1786, del repartimiento como forma productiva y con la creación en 1795 de los Consulados de Guadalajara y de Veracruz, los comerciantes de México perdieron influencia en el abastecimiento de algodón para el consumo interno en favor de los agentes locales. Para fines de siglo los datos sobre la producción algodonera son inciertos y sujetos a variaciones determinadas por factores climáticos o plagas y algunas conyunturas externas: se registró, en efecto, una caída de las cosechas entre 1797 y 1803 durante las guerras internacionales emprendidas por España, con la consiguiente dificultad de enviar la materia prima y la llegada de manufacturas extranjeras.[10]

El incremento de la actividad relacionada con el algodón en Puebla, resulta evidente por la preponderancia de los tejedores entre los artesanos de la ciudad según el censo de Revillagigedo de 1792-1794. A causa de las guerras entre España e Inglaterra, a partir de 1793 y hasta la paz de Amiens en 1802, se registró un aumento de la producción textil novohispana orientada por la acción de los comerciantes poblanos que controlaban la circulación del algodón de Veracruz hacia el interior. Los censos de la dirección general de las alcabalas, documentan el crecimiento de los telares en Nueva España en las últimas décadas del siglo XVIII hasta llegar a 11 692 en 1801, con una prevalencia de la producción algodonera. Las

---

[10] Luis Chávez Orozco y Enrique Florescano, *Agricultura e industria textil de Veracruz. Siglo XIX*, Universidad Veracruzana, México-Xalapa, 1965, pp. 75-78.

estimaciones y los cálculos sobre las dimensiones de los tejedores que en los varios distritos se dedicaban a la actividad textil algodonera —alrededor de 20 000 según Jan Bazant en la región de Puebla o algo más de 14 000 en Guadalajara en 1804, a los que habría que añadir los tejedores en los varios centros de Michoacán— nos ofrecen una idea parcial de la importancia que tal actividad había adquirido. Por lo que se refiere al valor de la producción textil a finales de la Colonia, según algunos cómputos de la época —elaborados a partir de los datos de Alejandro de Humboldt—, se estimaba que la producción manufacturera global había sido de siete a ocho millones de pesos. Manuel Miño Grijalva afirma, analizando los informes de los administradores de las alcabalas, que este cálculo global puede ser aceptable; pero subraya cómo la producción de tejidos de algodón fue mucho mayor al de la lana, contrariamente a lo que habían sugerido aquellas estimaciones, y llega a la conclusión de que: en 1797, 883 784 arrobas de algodón, de las 986 000 producidas, fueron destinadas al consumo interno, lo que daría un valor de más de cinco millones de pesos para 1 126 054 piezas tejidas, cuyo precio era entonces entre cinco y seis pesos, un cálculo por defecto considerando solamente la producción de los principales centros.[11]

En el periodo de las guerras internacionales de España entre 1796 y 1805 se verificó un incremento de la producción textil artesanal y un mayor dinamismo del intercambio de tejidos. La política de comercio libre, sin embargo, había alimentado desde antes la introducción de telas de algodón europeas: la cantidad de estos tejidos que habían entrado a México entre 1785 y 1805 era equiparable al promedio anual de los 6 060

---

[11] Manuel Miño Grijalva, *Obrajes y tejedores de Nueva España, 1700-1810*, op. cit., pp. 322-323.

tercios poblanos salidos hacia el interior.[12] Sin embargo, las concesiones del comercio a neutrales a partir de 1804 permitió el aumento de tejidos de algodón procedentes de Inglaterra, que en los años siguientes llevó a una crisis de la producción textil novohispana. En 1809 y en la primera mitad de 1810 el envío de los algodones de Puebla hacia el tradicional mercado del interior, según los registros de las aduanas de México, había disminuido de manera evidente respecto al periodo 1803-1805, mientras continuaban las entradas de tejidos europeos. El sector textil novohispano del algodón permanecía todavía anclado a las características de una realidad técnica y productiva de tipo artesanal; el ejemplo de la fábrica de indianillas de Francisco Iglesias —aunque activa por un periodo muy breve—, único conocido en México a principios del siglo XIX, no permite esclarecer todavía en qué medida se estaba perfilando un cambio significativo a nivel general. Los movimientos de Independencia de 1810 desarticularon de hecho la actividad textil, tal y como se había establecido para finales de la época colonial, a causa de la extrema violencia que adquirieron en las regiones centro-occidentales y en Puebla, con la consiguiente interrupción de las vías comerciales, pero también a causa de las presiones sobre los capitales de la Iglesia y de los comerciantes españoles en la Nueva España. Las consecuencias de la insurrección de 1810 fueron inmediatas: en 1812 quedaban sólo cinco obrajes activos en Querétaro, con un agudo descenso de la producción; un estancamiento que perduró durante las dos décadas siguientes. La manufactura del obraje había llegado a su fin después de la crisis del siglo XVIII.[13]

---

[12] Reihnart Liehr, *Ayuntamiento y oligarquía en Puebla, 1787-1810*, 2 vols., SepSetentas, México, 1976, vol. 1, pp. 41-42.
[13] John Clay Super, *La vida en Querétaro durante la Colonia, 1531-1810*, FCE, México, 1983, pp. 86-90.

LA INDUSTRIA TEXTIL

El hecho que la industrialización mexicana en el siglo XIX se haya articulado en torno a la mecanización del algodón ha obligado, en efecto, a la historiografía —empezando por los ensayos pioneros de Luis Chávez Orozco— a interrogarse sobre los antecedentes y en particular sobre la función del obraje lanero. La división del trabajo en el obraje en los siglos de la época preindustrial encontró su límite en los elevados costos de la mano de obra respecto a los del trabajo doméstico, razón por la cual la importancia del obraje en la producción textil, ante la falta de cambios en la tecnología, disminuyó muy temprano y no representó la base de la transformación fabril. La producción algodonera del sector doméstico fue importante en el siglo XVIII y favoreció el desarrollo de habilidades entre los tejedores: "la vía del algodón" —como ha documentado Manuel Miño Grijalva en sus trabajos y en su análisis sobre la protoindustria colonial— hizo posible, a lo largo de un proceso gradual, la aparición del sistema de fábrica (división del trabajo, uso de máquinas, concentración de la mano de obra) y representó el pincipal empuje hacia la industrialización, ya que la mecanización de otros sectores no tuvo efectos decisivos en el proceso general. La fecha de 1830, año en que fue instituido el Banco de Avío para el Fomento de la Industria nacional, indica sobre todo el impulso inicial hacia la mecanización del hilado del algodón en México y deja vislumbrar un cambio de mentalidad; sin embargo, no es suficiente aislar el factor de la innovación técnica para establecer una periodización de carácter general y, por lo tanto, resulta impropio hablar de una primera fase o incluso de un primer intento fallido. Sin duda, el surgimiento de la fábrica textil sugiere la gestación de cambios, pero cabe subrayar que México llegó a transformarse lentamente en una sociedad industrial con una ampliación importante entre finales del siglo XIX y principios del siglo XX.

Las dificultades encontradas por el sector textil para transformarse y expandirse durante el Primer Imperio y la Primera República Federal, después del derrumbe del orden colonial, se han relacionado, más allá de los problemas generales que afectaron la entera estructura económica —crisis de la minería, menor demanda urbana, salida de capitales—, con la apertura al comercio exterior y con las exigencias fiscales de los gobiernos del periodo que siguieron, en materia de aranceles, los postulados del *laissez faire*. La ley aduanal del 15 de diciembre de 1821 estableció una tarifa *ad valorem* de 25% sobre todas las mercancías extranjeras, comprendidas las telas; una directriz de política económica mantenida, con algunos retoques a partir de 1824, casi por una década en la que Gran Bretaña prevaleció en el comercio exterior de México. La ley del 16 de octubre de 1830 que instituyó el Banco de Avío para Fomento de la Industria Nacional estableció las premisas para el surgimiento de un sistema fabril moderno y representó una respuesta a las exigencias del debate de los años precedentes para transformar el sector textil artesanal. Los representantes de Puebla, centro de las actividades textiles algodoneras, habían solicitado una legislación proteccionista y durante la breve presidencia de Vicente Guerrero se prohibió, con la ley del 22 de mayo de 1829, la importación de tejidos baratos de algodón. Al mismo tiempo, los diputados poblanos se opusieron al proyecto presentado en aquel año por Juan Ignacio Godoy, quien a cambio del derecho de importar hilados se comprometía a introducir una determinada cantidad de nuevos telares para distribuirlos en varios estados de la federación. La defensa de la ley proteccionista de 1829 y la oposición al proyecto de

Godoy y a la ley sobre el Banco de Avío por parte de los representantes de Puebla en el Congreso, en particular de Pedro Azcué y Zaldive en nombre de los tejedores, respondía más bien, como han puesto en evidencia diversos trabajos, a la idea de favorecer el predominio de la región como principal centro textil para preservar así los mayores beneficios posibles en el comercio interior. Sin embargo, no faltaron hombres que sostuvieron la necesidad de alentar la industria mecanizando la actividad textil, como Lucas Alamán, político influyente y empresario, o como Esteban de Antuñano, promotor de empresas y gran polemista.

La creación del Banco de Avío, varias décadas antes del surgimiento de los bancos de crédito y de emisión, se proponía distribuir un millón de pesos —cantidad importante para entonces— a las sociedades industriales expresamente formadas bajo la forma de préstamos garantizados para adquirir máquinas, en particular para el sector textil (algodón, lana y seda). Según la ley institutiva de 1830 este capital debía constituirse con la quinta parte de los derechos aduanales obtenidos de la introducción de géneros de algodón prorrogando la entrada en vigor de la prohibición establecida por la ley de 1829. La organización del Banco de Avío recibió un significativo impulso por parte de Lucas Alamán, entonces ministro de relaciones exteriores del gobierno de Anastasio Bustamante y primer presidente de la Junta; en sus 12 años de vida difícil el Banco recibió, sin embargo, algo más del capital inicialmente asignado.[14] Durante el ejercicio de 1832 los préstamos fueron destinados a adquirir máquinas de hilar para producir hilaza de algodón en favor de cuatro compañías, la de Antuñano en Puebla, que inició su

---

[14] Robert A. Potash, *El Banco de Avío de México. El fomento de la industria, 1821-1846*, 2a. ed., FCE, México, 1986, pp. 175 y ss.

producción sólo a principios de 1835, y las de Tlalpan y Celaya. La mecanización del hilado de algodón se expandió a partir de 1837 y, aunque siguieron predominando en la producción de tejidos los viejos telares a mano, aumentaron los telares mecánicos pasando de 60 existentes en Puebla en 1838, a 540 en 1843, fecha en que llegaron a 1 889 en toda la república. El número de instalaciones fabriles aumentó rápidamente, tanto que en 1845 había 52 fábricas activas con una prevalencia en la región de Puebla; en base a las estimaciones de la época, Potash calculaba que en 1846 las inversiones en las fábricas de algodón procedían sobre todo de capitales privados, pues respecto a los 10 millones de pesos invertidos en este ramo hasta aquella fecha el Banco de Avío había concedido préstamos por el valor de unos 650 000 pesos, pero concluía que la actividad del Banco, a pesar de las polémicas de la época, había contribuido de manera decisiva a estimular la inversión privada.

Las fábricas, basadas en el aprovechamiento de la energía hidráulica, surgieron en los lugares donde había antiguos molinos de harina —en buena parte establecidos en las haciendas trigueras del centro, unas 15 en el valle de México por ejemplo— adaptándolos a las nuevas exigencias. Esteban de Antuñano, originario de Veracruz con intereses mercantiles en la zona productora de algodón de Tlacotalpan, compró junto con Gumersindo Saviñón en 1831 el Molino Santo Domingo en Puebla, solicitando al Banco de Avío préstamos para adquirir mulas o tornos continuos de hilar Arkwright, transformándolo en la fábrica textil La Constancia Mexicana que empezó a producir el 7 de enero de 1835. En los años siguientes 10 molinos a lo largo de los ríos Atoyac y San Francisco se transformaron en fábricas de hilados. Antuñano se distinguió particularmente por sus iniciativas; sus establecimientos y el Patriotismo

Mexicano del español Dionisio Velasco con sus 6 000 husos eran los más modernos a principios de los años de 1840. Al mismo tiempo surgieron entre 1838 y 1843 otras ocho fábricas menores, situadas en el casco urbano de Puebla, con máquinas de hilar intermitentes Crompton, cinco de ellas poseían algunos telares mecánicos.[15] Varias fábricas construyeron acueductos para canalizar el agua, como la Hércules de Querétaro, obteniendo la fuerza motriz necesaria a través de ruedas hidráulicas de madera de grandes dimensiones que, en algunos casos, fueron más tarde substituidas por turbinas cerradas antes de adoptar la energía eléctrica.

En 1845 había, pues, 52 fábricas en operación, localizadas sobre todo en Puebla, México y Veracruz; la mayor parte de ellas aprovechaban la energía hidráulica producida a lo largo de los ríos. Sin embargo, las de Puebla y de la ciudad de México, que representaban más de la mitad, tenían la ventaja de su cercanía con los centros de consumo y sobre todo en el caso de Puebla hay que registrar la presencia de tejedores con una tradición artesanal, quienes tejían el hilado producido por las fábricas en talleres independientes o en repartos creados por los nuevos fabricantes. La instalación de la fábrica de Cocolapan de Alamán y de los hermanos Legrand en Orizaba, que empezó su actividad en 1839, y de las otras surgidas en Jalapa, a partir de la Industria Jalapeña de los ingleses Welsh y Jones que también recibieron préstamos del Banco de Avío, respondió más bien a su cercanía con las zonas productoras de materia prima y al aprovechamiento de la energía hidráulica, pues aquí no había una tradición artesanal como la poblana. El impulso a la mecanización del hilado de algodón de los

---

[15] Guy P. C. Thomson, *Puebla de los Ángeles. Industry and Society in a Mexican City, 1700-1850*, Westview Press, Boulder, 1989, pp. 240 y ss.

años de 1837 a 1842 no se repitió en las décadas siguientes con la misma intensidad, más que a causa de la falta de capitales por la lenta expansión del mercado interno, por los altos costos de producción y transporte y por la compleja situación política hasta la restauración de la República en 1867.

Las máquinas y telares mecánicos para los nuevos establecimientos instalados en los años de 1830 se habían pedido a compañías de Nueva York y Filadelfia, en Francia y en Inglaterra y en más de una ocasión las cajas se quedaron por meses depositadas en Veracruz por dificultades en el transporte, por el bloqueo del puerto durante la "guerra de los pasteles" o a causa de los frecuentes levantamientos. El Banco de Avío contrató a técnicos extranjeros, maestros hilanderos y supervisores, como los siete franceses para la fábrica de lana de Querétaro y varios estadunidenses e irlandeses que habían trabajado en Pennsylvania. El mismo Antuñano contrató en 1835 a 10 maestros ingleses para dirigir la Constancia Mexicana, así como ocurrió en varias fábricas surgidas en aquellos años. Al mismo tiempo hubo un número creciente de extranjeros que invirtieron en la creación de talleres textiles mecanizados en la capital, así como algunos de los técnicos contratados por el Banco de Avío fundaron más tarde empresas y talleres.[16] Entre los principales empresarios extranjeros de la época en el ramo textil cabe destacar, además de los españoles como Velasco, a la firma Martínez del Río Hnos., una familia proveniente de Panamá a raíz de la Independencia, quienes junto con Felipe Neri del Barrio constituyeron en 1840 la sociedad de la importante fábrica de Miraflores, a Manuel Olazagarre —socio de la fábrica La Escoba creada en 1841 en Guadalajara—, a

---

[16] Walter L. Bernecker, *De agiotistas y empresarios. En torno a la temprana industrialización mexicana (siglo XIX)*, Universidad Iberoamericana, México, 1992, pp. 112 y ss.

Eustaquio Barrón y Guillermo Forbes, vicecónsules en Tepic en 1827 de Inglaterra y los Estados Unidos respectivamente, quienes en 1843 fundaron la fábrica Jauja en Tepic, y otras en varias partes del país.

Entre los primeros problemas que la nueva industria textil tuvo que enfrentar a partir de 1840 cabe señalar la escasez de hilado, en parte porque cayó su importación en 1839 a causa de la ley prohibicionista de 1837 y porque las fábricas instaladas empezaban apenas su producción, suscitando de este modo las protestas de los tejedores que producían las mantas con los antiguos telares a mano, mientras la producción de materia prima en Veracruz resultaba insuficiente y costosa; el despepite se efectuaba en gran parte en Puebla, lo que encarecía el transporte del algodón en rama y el precio de la materia prima. Según los datos reportados por Guy P. C. Thomson los 21 000 husos instalados en Puebla en 1841 representaban una demanda de 91 784 arrobas de algodón, mientras ésta creció en 1842 con la entrada en función de otros 29 600 husos a 209 954 arrobas. La producción de algodón en Veracruz había caído desde 1810 y, aunque el Banco de Avío ofreció algunos incentivos, a partir de 1841 las cosechas se redujeron. La producción en 1841 fue de 36 000 quintales y disminuyó en los años siguientes a menos de la mitad: estos datos, reportados en varias publicaciones de la época y en trabajos posteriores, se refieren a cantidades de algodón en rama y de fibra gruesa difícil de adaptar a las máquinas de hilar. La clasificación de los tipos de algodón era aproximada; las pacas de las que se hablaba en la época variaban según el número de arrobas: de cuatro a ocho.[17] Estos factores influían negativamente sobre el comercio de la

---

[17] Jesús Rivero Quijano, *La revolución industrial y la industria textil en México*, 2 vols., Porrúa, México, 1990, vol. I, p. 33 y pp. 144-145; vol. II, pp. 204-205.

fibra y dejan abiertos todavía interrogantes al momento de calcular la efectiva producción de algodón.

La escasez de algodón, registrada en los primeros años de 1840, para la naciente industria ante las normas restrictivas de importación y las dificultades del cultivo en Veracruz, abrió un periodo de contrastes entre los fabricantes y los consignatarios de algodón acerca de las medidas proteccionistas. Los tejedores manuales, más directamente afectados —especialmente en Puebla— por la escasez de hilados, solicitaron la prohibición de introducir nuevos telares mecánicos y medidas favorables para la importación de hilaza. Siguió un periodo de disposiciones contradictorias hasta la vigilia de la guerra con los Estados Unidos en 1846 dictadas en parte por las continuas exigencias de las finanzas públicas derivadas de la inestabilidad política: varios gobiernos autorizaron la importación de hilaza y algodón por breves periodos. Desde el principio los fabricantes de Puebla intentaron controlar la materia prima de los distritos de Veracruz. En 1839 Dioniso Velasco y los comerciantes Ciriaco Marrón y Andrés Vallarino crearon una compañía para el aprovisionamiento de algodón. El abastecimiento del algodón había inducido a varios comerciantes y fabricantes a establecer relaciones en Veracruz y a utilizar las licencias de importación como hicieron Manuel Escandón, apoderado de la casa Agüero, González y Cía., y Martínez del Río Hnos., socios de la fábrica textil Miraflores en México; en efecto, éstos obtuvieron entre 1846 y 1851 permisos de importación, vendiendo a precios elevados la materia prima.[18] La ampliación del cultivo, que muchos veían como el principal estímulo para la industria textil, no conoció, sin embargo, significativas

---

[18] David W. Walker, *Parentesco, negocios y política. La familia Martínez del Río en México, 1823-1867*, Alianza Editorial, México, 1991, pp. 213 y ss.

innovaciones productivas puesto que reinaba un acentuado empirismo respecto a la calidad de la fibra y al cultivo. A pesar de los datos poco certeros sobre la producción algodonera mexicana en las décadas posteriores a 1850, una vez concluida la guerra con los Estados Unidos se importó siempre mayor cantidad de algodón extranjero. Barrón y Forbes, por ejemplo, importaron algodón peruano, pero la mayor parte provenía de Nueva Orleans a través del puerto de Veracruz, donde costaba alrededor de 18 pesos el quintal, un precio elevado a causa de nuevos aranceles.

En Puebla, principal centro de la nueva industria textil, a finales de 1843 había 1 316 obreros en las 15 fábricas de hilados, además de los tejedores. Potash sugería que en 1841 había alrededor de 7 500 telares a mano en todo el país, lo que bien podía representar el doble de tejedores. En 1852, según los datos reportados por Guy P. C. Thomson para Puebla —además de los trabajadores dedicados al hilado y a los telares mecánicos— había 1 700 tejedores en los telares a mano reunidos en las fábricas, 3 000 que trabajaban en pequeños talleres y 417 en tejedurías de rebozos, además de los ocupados en la confección; considerando, por otro lado, los que trabajaban en la curtiduría, en la cerámica, en las tocinerías y talleres varios, que en total eran 2 009 entonces, se llegaba a 8 563 trabajadores o artesanos. Jan Bazant da un salario promedio semanal de 3.70 pesos para la industria fabril de Puebla en 1843, pero registra fuertes oscilaciones en el caso de La Constancia por la presencia de aprendices, niños y mujeres que recibían un salario más bajo. Al mismo tiempo señala la eficiencia de la mano de obra poblana con respecto a la de los países industriales, estableciendo para entonces 32 husos por obrero y 1.05 telar por obrero, indicadores que para décadas posteriores, cambiaron sustancialmente estableciendo un rezago para la industria fabril mexicana.

La fábrica Miraflores de los Martínez del Río, producía en 1845 de 11 a 13 000 libras por semana de hilaza, alcanzando así el nivel de La Constancia de Puebla, y multiplicó en poco tiempo esta producción con la misma capacidad instalada, hecho que se repitió con las piezas de manta anuales entre 1846 y 1854, que pasaron de 16 331 a 67 200, vendidas a un promedio de cinco pesos por pieza a pesar de las oscilaciones en el margen de ganancias.

El aumento de las empresas fabriles y de la consiguiente producción de hilados, los costos del transporte, las tarifas internas sobre el comercio, la importación de tejidos de algodón y el mismo contrabando, fueron factores, junto con los acontecimientos políticos, que modelaron la esfera de acción de varias fábricas en el mercado interno y actuaron como freno para el crecimiento inmediato del sector fabril. Después de la guerra con los Estados Unidos algunos jefes locales de la zona fronteriza utilizaron las medidas arancelarias en función de sus propios objetivos políticos, sin olvidar que la nueva frontera entre los dos países comportó facilidades para el intercambio comercial y favoreció la demanda de productos estadunidenses. En septiembre de 1851, por ejemplo, el comandante militar de Matamoros en Tamaulipas, Francisco Ávalos, disminuyó drásticamente los impuestos de las mercancías importadas, circunstancia aprovechada por los comerciantes para introducir tejidos de todas clases, en especial de algodón. Según los datos obtenidos de las fuentes consulares y diplomáticas de la época analizados por Walter L. Bernecker, en 1852 entraron por Matamoros 250 040 libras de mercancías textiles, sobre todo de algodón (147 600 libras), procedentes de Inglaterra y de los Estados Unidos y en 1853 esta cantidad aumentó a 261 450 libras, de las cuales 209 500 eran mercancías de algodón. La polémica a raíz del arancel Ávalos y las continuas solicitudes para la supresión de las prohibiciones llevaron en 1856 a una revisión de las tarifas arancelarias.

Los fabricantes encontraron, por otro lado, numerosas dificultades en las operaciones comerciales en los primeros años. Martínez del Río Hnos., por ejemplo, al principio hacían la venta directa a crédito de los productos de Miraflores, pero corrían de su cargo los costos del transporte, con los consiguientes riesgos económicos por adelantos y plazos de cobro. Para evitar estos inconvenientes, en 1853 crearon con otros socios, en la ciudad de México, una compañía a la que entregaban las telas para vender al menudeo y al mayoreo, así como otra análoga en Cuernavaca, lo que llevó a buenos resultados en los años siguientes. Aunque hubo traspasos, cierres y quiebras, los fabricantes tenían entonces múltiples intereses de naturaleza mercantil y algunos de ellos, como Martínez del Río, invirtieron en actividades mineras, en la compra de fincas urbanas y haciendas en los años de la desamortización y además actuaron hasta alrededor de 1860 como rentistas o prestamistas en las transacciones de los títulos de la deuda gubernamental. En este caso, las actividades especulativas llevaron en 1861 a la quiebra de la razón social, pero la fábrica de Miraflores resultaba en activo, aunque después cambió de propietarios varias veces. Los años de la guerra de Reforma y de la intervención francesa hasta la restauración de la República en 1867, que determinaron profundos cambios en la vida económica y política de México, no modificaron sustancialmente el panorama de la industria textil respecto a la década anterior.

En 1877 se registraron 97 fábricas textiles y en Puebla, México y Veracruz seguían siendo casi las mismas de tres décadas antes. La tecnología empleada había cambiado poco hasta entonces; la fábrica de hilados El Mayorazgo de Puebla, por ejemplo, en 1867 había duplicado su maquinaria con respecto a

1844, pasando a 4 896 husos y 80 telares, pero sólo después de un incendio ocurrido a mitad de marzo de 1878 la fábrica fue reconstruida con máquinas más modernas. En 1877 la fábrica Cocolapan de Orizaba, después de algunos años de inactividad, tenía 13 000 husos y 300 telares, mientras las otras más grandes poseían de seis a 8 000 husos y de 130 a 300 telares cada una.[19] Según los datos elaborados por Guillermo Beato, a partir de las estadísticas de la época, el número de husos había pasado de 145 768 en 1854 a 258 458 en el año fiscal 1877-1878 y los telares mecánicos de 4 107 a 9 214.[20] De los más de 12 000 trabajadores ocupados en las fábricas en 1877 casi 5 000 eran menores de edad y mujeres, y los salarios nominales iban de 12 centavos y medio a un peso diario en realidad las condiciones de trabajo resultaban propias de las primeras fases de la revolución industrial. La producción de mantas por parte de la fábricas había aumentado, llegando en el año fiscal 1877-1878 a 3 795 408 piezas, a las que habría que añadir, también, las producidas en los numerosos talleres de telares a mano.

La industria textil conoció una expansión entre 1889 y 1911, con un incremento de la capacidad productiva del 55%, pasando en la última fecha a 119 fábricas activas con 725 297 husos, 24 436 telares y un consumo de algodón que había aumentado de 21 millones de kg durante el año fiscal 1893-1894 a 34 millones en 1911, aunque se habían registrado variaciones en años anteriores, el número de trabajadores aumentó a más de 32 000.[21] Esta expansión de la industria textil respondió a algunos cambios generales propios del progreso económico

---

[19] *Historia moderna de México. El porfiriato. Vida económica*, 2 vols., Hermes, México, 1965, vol. I, p. 434.
[20] Armando Alvarado y Guillermo Beato, *La participación del Estado en la vida económica y social mexicana, 1767-1910*, INAH, México, 1993, cuadros 1 y 2, pp. 256-257.
[21] Stephen H. Haber, *Industria y subdesarrollo. La industrialización en México, 1890-1940*, Alianza Editorial, México, 1992, p. 76 y cuadro 8.1 a pp. 158-159.

de la época, como la construcción y ampliación de la red ferrocarrilera, el flujo de las inversiones extranjeras directas en la minería y servicios públicos, así como el crecimiento del mercado interno en un periodo de dinamismo demográfico. Sin embargo, en el terreno de la industria textil, dos fueron los factores determinantes con respecto a las décadas anteriores que favorecieron este impulso: la disponibilidad de energía eléctrica, que comportó cambios tecnológicos importantes, y de algodón nacional, que eliminó los vaivenes de la política arancelaria con respecto a las importaciones.

La energía eléctrica fue introducida ante todo en la minería, y a partir de 1889 se fue aplicando a varias industrias manufactureras hasta su generalización en el alumbrado y en los servicios públicos. Por lo que respecta a la industria textil del centro del país, situada en zonas ricas de agua, surgieron sociedades anónimas para construir plantas hidroeléctricas generadoras de fuerza motriz, cuyos excedentes eran cedidos para uso público: éste fue el caso de la Cía. Industrial de Orizaba (Cidosa) creada en 1889 y que para 1897 terminó la construcción de la presa que abastecía las fábricas de Río Blanco, Los Cerritos, San Lorenzo y Cocolapan algo más tarde, o de la fábrica Santa Rosa, de la Cía. Industrial Veracruzana, que empezó su actividad en 1892 —fábricas en las que invirtieron los comerciantes franceses de Barcelonette radicados en México—, como también en Puebla, sobre todo en Atlixco donde en 1902 empezó a producir la gran fábrica de Metepec. La misma Cía. Industrial de Guadalajara —formada en 1899 y que reunió algunos establecimientos existentes— había construido una planta para sus fábricas textiles.[22] La disponibilidad de energía

---

[22] Ernesto Galarza, *La industria eléctrica en México*, FCE, México, 1941, pp. 9 y ss.; Dawn Keremitsis, *La industria textil mexicana en el siglo XIX*, SepSetentas, México, 1973, pp. 101-106.

eléctrica permitió la renovación de la maquinaria para hilar con nuevos telares y husos de alta velocidad y menor mano de obra; la industria textil conoció entonces un proceso de transformación en el que fue determinante la inversión de capitales, así como una diversificación productiva que comenzó por los estampados; estos hechos se revelaron más intensos en el caso de las compañías industriales de la época que actuaron desde el principio como sociedades anónimas y empresas hidroeléctricas, como las de Orizaba, la de San Antonio Abad en la capital, la de Atlixco y la de Guadalajara. Si en la primera década del siglo XX hubo una progresiva diversificación de la producción textil, las fábricas de estos complejos industriales mencionados pudieron distribuir más fácilmente las varias operaciones y el tipo de especialización.

De los grandes complejos industriales textiles, las dos compañías de Orizaba controlaban, en la primera década del siglo, 20% de la producción nacional textil con una vasta gama de artículos y tuvieron uno de los más altos niveles de utilidades entre las industrias manufactureras de la época, distribuyendo regularmente dividendos. El nivel de concentración de la industria textil resultó elevado hasta 1930, cuando las cuatro principales empresas controlaban más de una tercera parte del mercado interno, mientras este indicador había disminuido en Brasil y era mucho menor en los Estados Unidos. Stephen H. Haber atribuye estos parámetros de concentración de la industria textil mexicana y la consiguiente limitación del número de productores fabriles a los altos costos del capital en México a raíz de los desajustes provocados por la revolución de 1910. La región de Puebla, que mantuvo una estructura industrial menos concentrada y con características propias de la empresa familiar, conoció un aumento del número de fábricas a principios de siglo: de las 51, de las que se poseen datos, en 1913, después de una importante renovación tecnológica, el promedio de modernos husos y telares era respectivamente de 4 248 y 195; y sólo ocho de estas fábricas podían considerarse de grandes dimensiones —sobre todo la de Metepec con 34 452 husos y 1 487 telares—, mientras 12 eran medianas y 31 pequeñas.[23]

Junto a las innovaciones tecnológicas que siguieron a la adopción de la energía eléctrica como fuerza motriz para las fábricas textiles, cabe señalar otro factor específico, la disponibilidad de algodón nacional de buena calidad. En efecto, el algodón de La Laguna, cuyo surgimiento como región productora por excelencia se coloca entre 1870 y 1875, para 1886 había superado ampliamente la producción tradicional de los distritos de Veracruz y de las regiones del Pacífico y para principios del nuevo siglo cubría alrededor de las dos terceras partes del consumo nacional. Entre 1897 y 1912 la producción media anual en La Laguna fue de 20.5 millones de kg y los precios del algodón en la plaza de la ciudad de México, salvo en los dos años siguientes a 1905 cuando fue introducido el patrón oro, se mantuvieron bastante estables y ligeramente por debajo del algodón estadunidense importado para cubrir el consumo de las fábricas, pasando de un máximo de 20 pesos por quintal en 1895 a los 23-25 pesos antes de la revolución de 1910. Durante la fase armada de la revolución entre 1913 y 1916, las fábricas textiles del centro no pudieron contar con el abastecimiento regular de algodón de La Laguna, por lo que hubo reducción de días de trabajo, frecuentes cierres temporales de fábricas y en algunos momentos, incluso, por periodos prolongados. La Laguna siguió siendo la principal región productora de algodón en México, aun después del reparto

---

[23] Leticia Gamboa Ojeda, *Los empresarios de ayer. El grupo dominante en la industria textil de Puebla, 1906-1929*, Universidad Autónoma de Puebla, Puebla, 1985, pp. 69-75.

agrario de 1936, pero ya para 1950 la proporción disminuyó a causa de la importancia adquirida por otros cultivos en la zona y la apertura en el norte de otras regiones algodoneras. En efecto, el cultivo del algodón se desarrolló en algunas zonas irrigables, como el valle de Mexicali en Baja California Norte, el distrito de Camargo en Chihuahua en la cuenca de riego del río Conchos-San Pedro, a partir de 1934-1935, pero aquí ya en 1960 empezó a reducirse el área cultivada de algodón.

La evolución de la fuerza de trabajo en la industria textil, dada su importancia en el proceso de la moderna industrialización, ha conocido a lo largo de más de un siglo fases muy distintas y continuos momentos de crisis y altibajos. Ante todo cabe recordar que en 1857 había sido reconocido el derecho de asociación para los artesanos, aunque habían surgido ya algo antes sociedades de socorro mutuo sobre todo en la capital; fue, sin embargo, a partir de 1867 que se generalizó la constitución de sociedades de artesanos con finalidades de ayuda mutua y para proteger a los trabajadores en caso de enfermedad; las mutualidades aumentaron de número e importancia hasta los primeros años del siglo XX. A principios de 1875 en las fábricas de México, y en particular en las de Tlalpan, se verificaron algunas huelgas para reducir la jornada de trabajo que era de hasta 15 horas, para abolir el trabajo nocturno y modificar el sistema de multas.[24] Entre 1876 y principios de 1911 se verificaron numerosas huelgas en las fábricas textiles por motivos relacionados con las condiciones de trabajo, desde las modalidades de pago de los salarios, los horarios prolongados, la persistencia de las multas o la vivienda. La importancia histórica de las huelgas textiles deriva de su fre-

---

[24] Moisés González Navarro, *Las huelgas textiles en el porfiriato*, Cajica, Puebla, 1970, pp. 13 y ss.

cuencia, sobre todo a partir de principios del siglo XX, por la localización urbana de las fábricas y por el tipo de reivindicaciones sociales, elementos que las distinguen de las efectuadas en el mismo periodo por los trabajadores del tabaco, de las empresas mineras y de las compañías ferrocarrileras. La mayor parte de las huelgas textiles tuvieron lugar en las zonas fabriles del Distrito Federal, Puebla y Veracruz. El año de 1906 fue clave en la historia del movimiento obrero mexicano por las repercusiones de la huelga de los mineros de Cananea y la de los trabajadores textiles de Puebla a la que siguió, a principios de 1907, la revuelta obrera de Río Blanco.[25] La época maderista representó un primer cambio decisivo en las relaciones de trabajo: en 1911 fue creado el Departamento de Trabajo y, por lo que se refiere a la industria textil, se intentó llegar a un acuerdo con los empresarios para reducir la jornada de trabajo a 10 horas e instaurar un salario mínimo. El artículo 123 de la Constitución de 1917 presentaba las características de un moderno código del trabajo (por ejemplo, la jornada de ocho horas) que habría determinado las normas laborales en la industria del México contemporáneo. A partir de 1919 y hasta 1925 —en el nuevo marco institucional posrevolucionario—, se verificaron una serie de huelgas, sobre todo en las fábricas textiles, para imponer el reconocimiento de los sindicatos.

El periodo inmediatamente posrevolucionario presenta aún problemas de interpretación de orden general y sobre el terreno de la política económica ante las difíciles condiciones internacionales que siguieron a la primera guerra mundial y, en particular, por lo que se refiere a las relaciones con los Estados Unidos a raíz de la deuda exterior y de la cuestión petro-

---

[25] Rodney D. Anderson, *Outcasts in Their Own Land. Mexican Industrial Workers, 1906-1911*, Northern Illinois University Press, DeKalb, 1976, pp. 137 y ss.; apéndice A pp. 331-338.

lera. Por su parte, la crisis económica mundial de 1929-1932 tuvo vastas repercusiones en México con la caída de la producción, de las exportaciones y de las inversiones públicas, con graves consecuencias sobre los niveles de empleo: hubo despidos masivos, paro generalizado y se desató una ola de huelgas. La industria textil en el periodo posrevolucionario hasta la segunda guerra mundial no reveló el dinamismo de principios de siglo y los mismos empresarios no demostraron capacidad de renovación técnica pues seguían dependiendo de las importaciones, y no habían surgido en México —como tampoco después— empresas que fabricaran maquinaria textil. En efecto, los fabricantes tendieron a disminuir la producción a través de presiones sobre los salarios, reducción de jornadas y horarios de trabajo para conservar el nivel de utilidades. A partir de 1933, sin embargo, tuvo lugar una recuperación de la industria textil, tanto que pasaron a más de 200 las fábricas activas en 1936, respecto a las 137 de 1932, y a 43 000 el número de los trabajadores, volviendo de este modo a los niveles de ocupación de 1925-1926. Las nuevas empresas de tejidos de algodón —unas 70— que aparecieron en este periodo eran de pequeñas dimensiones y se dedicaban a la producción de nuevos artículos, sobre todo por lo que concierne a géneros de punto y la confección. El prolongado estancamiento del sector textil se puede resumir recordando que a principios de la década de 1940 las tres cuartas partes de los telares existentes habían sido instalados entre 1898 y 1910;[26] al mismo tiempo cabe recordar que las actividades industriales se iban orientando lentamente hacia la mecánica ligera. Respecto a la política salarial en la industria textil hubo diferencias notables a nivel

---

[26] Sanford A. Mosk, *Industrial Revolution in Mexico*, University of California Press, Berkeley, 1950, p. 126.

regional, pagos a destajo y una gran variedad de tarifas según el tipo de trabajo, a pesar de las varias convenciones textiles a partir de 1925; hasta 1939 se estableció, en la industria textil del algodón, un salario mínimo de 2.80 pesos diarios, lo que representaba un aumento de 124% con respecto a los niveles de 1925-1927.

La segunda guerra mundial representó para el sector manufacturero textil una oportunidad para exportar, especialmente entre 1942 y 1945, aprovechando la capacidad productiva instalada y llegando hasta dos y tres turnos diarios de trabajo. Después de 1945 disminuyó el dinamismo del sector y la demanda interna representó el mayor estímulo; sin embargo, el valor de la producción textil pasó a ser en 1958 10.3% del total de la industria de transformación, con una caída progresiva desde el principio de la década. Respecto a los principales sectores industriales, en 1957 las fábricas textiles, cuando el consumo interno de algodón había llegado a 100 000 toneladas, ocupaban aún el mayor número de trabajadores a pesar de que habían disminuido —de más de 55 000 en 1946 a apenas 33 000 en 1957—; en 1950 los husos instalados habían llegado al millón y los telares a 37 000, cifras —cabe recordar— poco superiores a las registradas en 1911; habida cuenta de la renovación tecnológica experimentada a nivel internacional en aquellos años.[27] En el transcurso de los sesenta se produjo, por un lado, la consolidación de las grandes empresas textiles surgidas a principios de siglo y de las que usaban ya fibras sintéticas, cuya capacidad económica y de acceso al crédito les permitió ampliar y diversificar la producción, y, por otro, tuvo lugar la proliferación de talleres y pequeñas empresas

---

[27] Javier Barajas Manzano, *Aspectos de la industria textil de algodón en México*, Instituto de Investigaciones Económicas, México, 1959, p. 26 y pp. 40-43.

que producían artículos de menor calidad, incluso por cuenta de otras más grandes, absorbiendo en parte la fuerza de trabajo expulsada.

Durante la segunda guerra mundial había empezado a difundirse en México, con retraso respecto a otros países, el uso de las fibras artificiales como la artisela o rayón que podían combinarse con las naturales. En 1938 se creó un organismo para controlar su importación y en 1943 entró en actividad una fábrica de artisela en San Ángel que algunos años después se vio obligada a cerrar ante el predominio del establecimiento jalisciense de Celanese Mexicana, abierto en 1947, y del de Zacapu en Michoacán de Viscosa Mexicana instalado en 1948. Para finales de 1950, por otro lado se difundió el uso de fibras sintéticas derivadas del petróleo desde el nylon al poliéster, cuya producción local, desde el principio, estuvo en manos de los monopolios internacionales de la industria química: en 1965 los tres principales productores en México —de los seis existentes— eran Celanese Mexicana, Fibras Químicas y Nylon de México. Entre 1950 y 1959 el consumo de fibras artificiales fue de 605 gramos por habitante, mientras el consumo global de textiles entre 1960 y 1967 alcanzó un promedio de 3.71 kg por habitante, por debajo del consumo mundial que era algo más de cinco.

A partir de 1970 prevaleció en la gran industria textil el uso de las fibras químicas (nylon, poliéster, acrílico) llegando al 85% del consumo y desplazando así al algodón como principal materia prima. La adopción de las fibras artificiales y sintéticas comportó un cambio tecnológico profundo en la industria textil que se había quedado rezagada con el tiempo. En 1960, 69.7% de las empresas poseía un equipo viejo, además de trabajar por debajo de su capacidad, sin contar que muchas fábricas medianas y pequeñas efectuaban sólo parte de las operaciones del ciclo productivo. La modernización tecnológica del sector textil fue intensa, en los años de 1970 cuando, a través de algunos programas específicos, hubo una generalizada destrucción de husos y telares antiguos, que se sustituyeron por maquinaria moderna (rotor para el hilado y telares automáticos), particularmente significativa en el sector que utilizaba fibras químicas como materia prima. Se trató de un proceso de renovación tecnológica que se paralizó en los años que siguieron a la crisis de la deuda de 1982 y que se recupera alrededor de 1990 en el rubro de las fibras químicas e hilado, con una buena capacidad instalada en comparación con algunos países asiáticos, aunque por debajo de la de las naciones industrializadas.

El total de los establecimientos textiles censados en México pasó, con grandes oscilaciones, de 3 361 en 1950 a 4 449 en 1985, pero de estos últimos sólo 202 poseían capitales superiores a 500 millones de pesos de la época, que representaban la parte dinámica del sector textil. La ocupación, ante un panorama tan diferenciado, ha cambiado profundamente en el tiempo pasando, según los datos oficiales, de algo más de 140 000 trabajadores en 1950 —comprendiendo fábricas y talleres— hasta llegar a la punta más alta de 195 000 en 1970 para descender alrededor de los 100 000 en 1990 con base en las estimaciones más confiables; aunque esta cifra casi se triplica si se consideran además los ocupados en la confección, en las maquiladoras de varias partes del país y en otros sectores textiles.[28] Estas diferencias registradas en el sector textil apuntan hacia formas acentuadas de pulverización y son difíciles de evaluar en términos productivos y de niveles de empleo, pero algunas

---

[28] Irma Portos, *Pasado y presente de la industria textil en México*, UNAM-Nuestro Tiempo, México, 1992, pp. 115 y ss.; cuadro 3 pp. 151-152.

informaciones recabadas de estudios regionales y locales para años recientes nos ofrecen indicaciones sobre las tendencias dominantes. Por ejemplo, en Tlaxcala, región con una antigua vocación en el ramo del algodón y que había conocido una grave crisis en los sesenta, junto a las nueve grandes fábricas modernas de hilados y tejidos que existían en 1977 —entre ellas la de Chiautempan con 551 trabajadores en 1976— y otras 20 de pequeñas dimensiones, había 300 talleres de tipo familiar. Estos talleres eran unidades de pequeña escala de hasta cuatro a seis trabajadores y en muchos casos con apenas dos máquinas de manejo individual que producían para algunos intermediarios locales.[29]

Para 1970 eran alrededor de un centenar las principales fábricas que cubrían la mitad de la producción textil mexicana, incluidas las que trabajaban con fibras químicas, sector en el que se concentraban las inversiones extranjeras; de éstas, para 1991, unas 20 exportaban una importante cantidad de productos textiles, hecho relevante a partir de 1985, cuando el valor de las exportaciones textiles logró superar los 100 millones de dólares debido en parte a la disminución del tipo de cambio real. Cabe recordar que el Acuerdo Multifibras impuesto por los Estados Unidos en 1962 estableció una regulación del comercio de textiles con este país limitando las exportaciones mexicanas y, en efecto, la industria textil nacional ha dependido de manera creciente de la política económica, comercial y financiera de los gobiernos. Las mismas normas de liberalización comercial dictadas en México entre 1985 y 1987 han determinado un aumento de las importaciones y, ante un mercado interno inestable con una demanda oscilante a partir de la crisis

---

[29] Alba González Jácome (coord.), *La economía desgastada. Historia de la producción textil en Tlaxcala*, Universidad Iberoamericana, México, 1991, pp. 141 y ss.

de la deuda de 1982, la competencia internacional ha creado nuevas dificultades para el sector sobre todo a causa de los bajos precios aplicados por la industria de aquellos países —en particular asiáticos— que han perseguido un abaratamiento del costo de trabajo aprovechando la débil legislación laboral en su propio contexto nacional.

Manufacturas e industrias de transformación de productos primarios

EL INGENIO

El ingenio, es decir el conjunto de las instalaciones manufactureras para elaborar el azúcar, en México, en sus orígenes estaba íntimamente relacionado con el sistema de plantación que incorporó las nuevas técnicas de irrigación árabes traídas por los españoles, con la explotación del trabajo indígena y de los esclavos africanos, aunque no asumió las dimensiones adquiridas en Brasil y en el área del Caribe en los siglos coloniales. La introducción del cultivo de la caña en la Nueva España tuvo lugar inmediatamente después de la Conquista en las tierras del marquesado del Valle y, en particular, en Tuxtla y en Cuernavaca. La actividad en la plantación veracruzana de Tuxtla, con el relativo ingenio, disminuyó en las últimas décadas del siglo XVI sobre todo a causa de la despoblación indígena. El centro de la producción de azúcar, desde alrededor de 1530, fue lo que actualmente es el estado de Morelos, y determinó en gran parte su vocación agrícola hasta la época contemporánea; a principios del siglo XVII, ante la caída demográfica y la congregación de nuevos pueblos, la Corona concedió tierras del marquesado y tras la quiebra financiera de los descendientes de Cortés, el mismo marquesado cedió varios predios en censo enfitéutico, tierras sobre las cuales surgieron nuevos ingenios y trapiches: las haciendas azucareras de la zona llegaron a ser unas 50 a finales del periodo colonial.[30] Para el año 1600 en la región colonial de Cuernavaca, comprendida la jurisdicción de Cuautla-Amilpa, existían unos 12 ingenios y trapiches, además de los 11 existentes en Michoacán y otros tantos en la región de Jalapa; había cinco trapiches en Orizaba, aunque el cultivo cañero fue desplazado más tarde por el tabaco, mientras en el siglo XVIII se amplió la producción azucarera en Córdoba y hubo también haciendas azucareras en Jalisco, Oaxaca y en el sur. En general se trataba de una producción situada en las zonas pobladas de clima cálido por encima de los 1000 metros; las haciendas azucareras novohispanas llegaron a ser algunos centenares en el siglo XVIII, pero la superficie cultivada era modesta, y entre sus propietarios figuraban también las órdenes religiosas; sin embargo, los grandes ingenios de la época colonial superaron apenas la docena.[31]

El estudio de Ward Barrett, basado en los inventarios de los siglos XVII y XVIII del ingenio de Cortés —en Tlatenango primero y trasladado alrededor de 1640 a Atlacomulco—, documenta las principales fases de la producción de azúcar blanca y las características técnicas de las instalaciones: desde el molino o trapiche de madera de tres mazas verticales movido por una gran rueda hidráulica vertical, al local de calderas dispuestas en batería y al lugar de purgar para obtener los panes de azúcar con los talleres de alfarería anexos y la fundición. Los principales cambios técnicos en la manufactura del ingenio

---

[30] Ward Barrett, *La hacienda azucarera de los marqueses del Valle (1535-1910)*, Siglo XXI Editores, México, 1977, p. 27; Gisela von Wobeser, *La hacienda azucarera en la época colonial*, SEP-UNAM, México, 1988, pp. 79 y ss.
[31] Fernando B. Sandoval, *La industria del azúcar en Nueva España*, UNAM-Instituto de Historia, México, 1951, p. 133.

consistieron en la duplicación del peso de las calderas en torno a 1750 —importadas de España hasta el siglo XVII— y el aumento de peso de las piezas del equipo para moler a principios del siglo XIX. El trabajo en los campos se hacía a través del sistema de repartimiento, pero desde 1544 llegaron a los dominios de Cortés contingentes de esclavos africanos en pequeños grupos de pocas decenas hasta 1623. La ordenanza del 10 de noviembre de 1599 había prohibido el empleo de los trabajadores indígenas en los molinos y en las casas de calderas, razón por la cual se registró hasta finales del siglo XVII la presencia de esclavos y mulatos en las actividades de estos repartos, tal y como ocurrió en las haciendas azucareras de Córdoba en el siglo XVIII; esta fuerza de trabajo fue reemplazada más tarde por indígenas contratados.

La producción novohispana de azúcar dirigida al mercado interno aumentó en el transcurso del siglo XVII manteniéndose al mismo nivel en la siguiente centuria para incrementar a partir de 1770 en concomitancia con el crecimiento económico finisecular y el breve auge exportador que siguió a la caída de la producción azucarera de Haití tras la rebelión de los esclavos de 1791. Según los cómputos de estudios recientes, a finales del siglo XVIII los 53 ingenios existentes —de varias dimensiones según la capacidad productiva que variaba desde más de 200 toneladas a pocas decenas— producían 9 000 toneladas anuales, a las que cabe añadir otras 1 725 obtenidas por unos 150 trapiches de pequeñas dimensiones —recabando piloncillo con el uso de la fuerza animal para la molienda—, es decir el doble respecto a la mitad de siglo.[32] La superficie cultivada conoció oscilaciones en el tiempo, aunque las haciendas azuca-

---

[32] Horacio Crespo *et al.*, *Historia del azúcar en México*, 2 vols., FCE, México, 1988-1990, vol. I, pp. 142 y ss.

reras más grandes tenían por lo general más de 100 hectáreas sembradas: por ejemplo, el ingenio de Atlacomulco —uno de los más productivos de la región— alcanzó, según Barrett, la punta máxima de algo más de 200 hectáreas plantadas en 1763 y en 1807 y superada definitivamente en 1851.

Los vínculos patrimoniales del marquesado del Valle desde principios de la época colonial crearon una unidad administrativa que, a pesar de numerosas dificultades y contrastes con las autoridades virreinales, mantuvo su carácter señorial; sin embargo, este dominio se resquebrajó a partir de la Independencia y, sobre todo, con las leyes de desamortización de 1856, lo que llevó a una progresiva expansión y concentración de las haciendas azucareras de Morelos en pocas manos tras la ampliación de los sistemas de riego —la apertura de nuevos canales fue intensa entre 1899 y 1903—, tanto que 18 propietarios controlaban en 1909 la superficie cultivada, misma que se había triplicado desde 1870. En la segunda mitad del siglo XIX hubo un aumento considerable del cultivo de la caña en algunas regiones de Veracruz, Sinaloa, Puebla, Jalisco y Michoacán sin alterar el carácter de integración del cañaveral y de la unidad fabril propio de la hacienda azucarera colonial. Esta ampliación respondía ante todo al crecimiento del mercado interno, a la nueva disponibilidad de tierras tras las leyes porfirianas de colonización y a las posibilidades productivas ofrecidas por los cambios técnicos que se habían verificado en el sector fabril del ingenio, desde la introducción del vapor a finales del siglo XVIII, aunque en México estas innovaciones fueron adoptadas con lentitud y de manera desigual a partir de finales del siglo XIX.

La demanda interna creció, en efecto, en los últimos años del siglo XIX y algo más lentamente en la primera década del siglo XX, lo que comportó el incremento de la producción de azúcar pasando de 50 000 toneladas en 1892 a 154 000 en

1911-1912; en este periodo se registró la exportación de excedentes, aunque con altibajos. Se trató de un crecimiento particularmente significativo para Veracruz —aquí surgió en 1896 el ingenio San Cristóbal, el más importante del siglo—, que llegó a alcanzar, con sus numerosos ingenios, el nivel productivo de Morelos, y para Sinaloa, en función de las expectativas del mercado estadunidense, donde había surgido el pequeño ingenio del Águila en el valle de Fuerte de Zacarías Ochoa quien consiguió modernizarlo asociándose en 1893 con Benjamin Francis Johnston, quien luego en 1902 creó el ingenio de Los Mochis, integrándolo más tarde con el Águila en la United Sugar Co. Además de los ingenios de La Florida de la familia Zakany y La Primavera de los hermanos Almada cabe señalar que en el valle de Culiacán era activo desde 1866 el ingenio La Aurora fue trasladado por vínculos familiares a Joaquín Redo, quien a principios de 1900 instaló además el nuevo ingenio Eldorado.

El desarrollo de la red ferrocarrilera en las décadas posteriores a 1880 creó en general condiciones favorables para el crecimiento del mercado y para el transporte. Por lo que se refiere a la modernización tecnológica de los ingenios en la segunda mitad del siglo XIX el panorama mexicano está lejos de ser uniforme e incluso comparable al de algunas regiones antillanas. Las principales innovaciones en la agricultura azucarera mexicana fueron la adopción de los arados de fierro importados —y en menor medida los de vapor— y la mecanización del transporte de la caña después de 1890 con el sistema de trenes Decauville, desplazando el acarreo a tracción animal y permitiendo el ahorro de fuerza de trabajo. Para 1870 se habían difundido los molinos horizontales de tres moledores importados de Escocia, pero a finales del siglo XIX la principal fuente de energía seguía siendo la fuerza motriz hidráulica a través de ruedas verticales de madera o de hierro y acero, mientras la fuerza de vapor era limitada; fueron introducidos en aquella época reguladores de presión de las mazas, bandas para transportar la caña y el sistema de prensado por más de un molino, aunque había pocas desfibradoras. Los cambios técnicos más significativos tuvieron lugar en el proceso de elaboración del azúcar y en particular en la mecanización de la fase de purga con centrífugas.

A principios del siglo XX, tras la guerra de independencia cubana y la definitiva pérdida del imperio colonial español, los productores mexicanos —ante la previsible sobreproducción antillana para el mercado estadunidense— se asociaron en sindicatos o cárteles regionales para controlar el mercado interno instituyendo mecanismos de compensación. La hacienda azucarera mexicana, con su carácter de unidad integrada, había aumentado su capacidad productiva mejorando la molienda y los rendimientos de la caña, cuyo promedio ha sido estimado en 80 toneladas por hectárea gracias a la atención prestada por los hacendados a los aspectos agronómicos. La producción cayó drásticamente, sin embargo, en los años de la Revolución pasando de las 154 000 toneladas de la zafra de 1911-1912 a una cuarta parte en 1917, para recuperar los niveles prerrevolucionarios sólo en la segunda mitad de los años veinte. Durante la Revolución, en efecto, la economía azucarera de Morelos, que contaba con 26 ingenios activos en 1913, fue destruida y se quedó paralizada por más de una década. A partir de los años veinte se verificaron en realidad dos fenómenos nuevos: cambió, en efecto, la distribución regional de la producción con un predominio de Veracruz con 34 ingenios (junto a numerosas unidades de pequeña dimensión) y de Sinaloa con ocho sobre un total de 103 registrados en 1925, y hubo una concentración productiva por parte de pocos ingenios entre los que destacaban entonces San Cristóbal y El Potrero en Veracruz, Los Mochis en Sinaloa y el de Atencingo en Puebla, con un promedio de alrededor de 2 000 trabajadores y una capacidad de más de 10 000 toneladas anuales, mientras el área cultivada en 1930 había llegado a 100 000 hectáreas. Por otro lado hay que considerar también, a partir de 1929, la zona de riego —y el relativo ingenio— de El Mante en Tamaulipas, donde desde principios de siglo se cultivaba la caña para producir piloncillo, eran tierras cuyos propietarios pertenecían a la familia Elías Calles y la de Aarón Sáenz, quienes ejercieron gran influencia más tarde en la política azucarera.

En 1931 hubo una grave crisis del sector a causa de la sobreproducción relativa —origen de los ciclos de los precios del azúcar— y de la restricción de la demanda interna por los efectos de la depresión mundial, hechos agravados además porque no se pudo contar con la válvula de compensación de las exportaciones de los excedentes a causa de la caída de los precios en el mercado internacional. A principios de 1932, tras varios intentos de estabilización, surgió una compañía entre los productores para regular la producción (sistema de cuotas) y los precios, dejando, en la práctica, desde entonces la comercialización del azúcar en manos de los fabricantes. En aquel momento seguía intacto el predominio del sistema que integraba cultivo y transformación en una única unidad a pesar de las luchas por la reforma agraria de los años veinte, especialmente en Veracruz, y sin que hubiera surgido un sistema de arrendamiento que independizara el ingenio de su propia capacidad de abastecimiento de materia prima.

Los años de gobierno de Lázaro Cárdenas modificaron el panorama: las medidas relativas al reparto agrario desde 1936, que afectaron a varios hacendados, trasladó en pocos años el dominio de los campos cañeros a los nuevos ejidatarios responsables del cultivo, separando de este modo los aspectos agrícolas y la producción industrial; por lo que se refiere al terreno laboral cabe recordar que en diciembre de 1936 fue establecido el primer contrato colectivo entre los trabajadores y las empresas azucareras. La creación en 1938 del gran ingenio de Zacatepec en Morelos por parte del gobierno para reactivar la economía regional y la incorporación en 1939 del ingenio El Mante al sector público, bajo la forma de cooperativa de ejidatarios y trabajadores del ramo fabril, constituyeron importantes ejemplos de la formación de grandes complejos centralizados para la transformación del azúcar. El reparto de las haciendas azucareras y la dotación de ejidos se vincularon, sin embargo, a la obligación de mantener el cultivo cañero en aquellas tierras y en 1943 fueron definidas las zonas de abastecimiento de caña para los varios ingenios y las normas de contratación entre los cultivadores y los ingenios. Los rendimientos en el campo a principios de los años treinta habían disminuido a la mitad respecto al periodo porfiriano, una pauta general que no se modificó en las décadas sucesivas pues, más allá del reparto ejidal, se mantuvo al principio el cultivo extensivo englobando tierras marginales y sin gran disponibilidad de riego: sólo a finales de la década de 1940 se difundió el empleo de fertilizantes y tractores en las labores agrícolas cañeras.

Según la investigación realizada entonces por cuenta del Banco de México los 96 ingenios existentes en las 14 regiones cañeras a lo largo del país —que en 1948 tenían una superficie cultivada de 137 000 hectáreas— presentaban niveles productivos muy diferentes, así como grados distintos de mecanización y en muchos casos necesitaban mejoras en las instalaciones que se hallaban en mal estado de manutención. En 1953 los tres principales ingenios eran el de San Cristóbal en Cosamaloapan, con una capacidad de molienda de casi 8 000 toneladas de caña diarias, el ingenio Emiliano Zapata de Zacatepec y el de El Mante —ambos con una capacidad de molienda de más de 3 000 toneladas—, los cuales juntos representaban 27% de la producción global. La renovación del equipo, en gran parte de procedencia estadunidense, resultó muy intensa desde los años veinte para los principales ingenios, ya sea en las plantas eléctricas, en las plataformas de descarga y molienda, en los repartos de calderas, de evaporación y cristalización. La ventaja del ingenio veracruzano de San Cristóbal, que producía entonces más de 100 000 toneladas de azúcar, dependía en buena parte de su facilidad de abastecimiento pues 30% de la caña se transportaba por río con grandes barcazas capaces de llevar hasta 100 toneladas de caña, disminuyendo así el costo de transporte y facilitando una molienda más constante.[33]

La ruptura de las relaciones entre los Estados Unidos y Cuba tras la Revolución de 1959 en este último país, determinó la redistribución de la cuota cubana hacia el mercado estadunidense. México, que había entablado negociaciones desde 1953 para ampliar su modesta participación en aquel mercado, pudo aumentar ahora de manera significativa las exportaciones de azúcar hacia los Estados Unidos (600 000 toneladas en 1961); se trató de una coyuntura favorable que se prolongó hasta 1975, cuando la producción nacional se reveló deficitaria respecto a las exigencias impuestas por los acuerdos de exportación y a la mayor demanda interna en consecuencia del aumento de consumo por habitante y del mismo crecimiento demográfico. La estabilización de los precios del azúcar para el consumo interno entre 1958 y 1970 creó una difícil situación financiera para la modernización industrial, baja capitali-

---

[33] *La industria azucarera en México*, 4 vols., Banco de México, México, 1953, vol. III, II parte, pp. 473 y ss.

zación y endeudamiento, y varios ingenios se volvieron poco rentables dando lugar al mismo tiempo a su incorporación al sector paraestatal, con el propósito de mantener la autosuficiencia nacional de un producto de consumo popular generalizado a precios de venta regulados. Entre 1980 y 1983 la producción nacional resultó insuficiente y a partir de entonces se han tomado varias medidas de reestructuración, ya sea por lo que concierne a los aspectos agronómicos para mejorar los rendimientos del cultivo, o a través de programas gubernamentales de coordinación, el cierre de ingenios poco viables y la transferencia de otros al sector privado.

LAS FÁBRICAS DE TABACO Y OTRAS INDUSTRIAS

Las seis fábricas de tabaco que surgieron entre 1765 y 1779 en Nueva España (México, Guadalajara, Oaxaca, Orizaba, Puebla y Querétaro), después de la emanación de la cédula real de 1764 con la que se creaba el Estanco del tabaco, representaron una peculiar forma de manufactura colonial respecto al obraje y al ingenio. La instauración del monopolio del tabaco para la elaboración de puros y cigarros —hasta aquel momento ejercida como actividad manual por numerosas cigarrerías con pocos artesanos o más sencillamente a nivel familiar—, llevó a un tipo de manufactura que se caracterizó por la concentración de un gran número de trabajadores en un único establecimiento, más de 1 000 para 1795 en las fábricas tabacaleras de Guadalajara, Puebla y Querétaro y alrededor de 7 000 en la de México, con una proporción muy elevada de mano de obra femenina. Estos establecimientos mostraban, además, una clara distinción entre el lugar de trabajo y la vivienda y concentraban los medios de producción en manos de la administración virreinal; tuvieron, pues, un fuerte impacto social porque en breve tiempo desbarataron el mundo de las cigarrerías, absorbiendo parte de los artesanos en las nuevas fábricas urbanas, y modificaron los mecanismos vigentes en la esfera de la comercialización: se dieron concesiones para la venta al menudeo a través de los "estanquillos" —que en 1788 eran 2 258 en toda la Nueva España—, cuyos titulares recibían 5% del valor de la venta.[34]

Cabe recordar que la creación del monopolio del tabaco fue una de las varias medidas de política económica y fiscal en el ámbito de las reformas borbónicas para revitalizar la administración colonial. Este cambio determinó la centralización del abastecimiento del tabaco y el control del avío al cultivo en Córdoba y Orizaba. A finales del siglo XVIII el consumo de tabaco, aunque lentamente, aumentó, consolidando de este modo la preferencia mexicana por el cigarro liado en papel u hoja de maíz respecto al puro, típico del área caribeña en general y de la región veracruzana. En la década de 1790 las entradas del monopolio del tabaco disminuyeron respecto a los años anteriores por una serie de factores de diferente naturaleza, desde las dificultades para importar papel y abastecer las fábricas en las diversas regiones de Nueva España hasta las relativas al precio de la hoja, llegando, sin embargo, a un máximo de 9.5 millones de pesos en 1809 que, a pesar de los costos, dejaban un buen margen de beneficios. Después de 1795, ante el crecimiento de la demanda y las continuas tensiones sociales originadas por el sistema de trabajo, se adoptó la medida de ampliar el número de fábricas en varias regiones y limitar el de la México, estableciendo otra en Villa de Guadalupe; cuando

---

[34] Susan Deans-Smith, *Bureaucrats, Planters and Workers. The Making of the Tobacco Monopoly in Bourbon Mexico*, University of Texas Press, Austin, 1992, pp. 147 y ss.

en mayo de 1807 se abrió el nuevo edificio, proyectado mucho tiempo antes, de la Real Fábrica de Puros y Cigarros de México en Atlampa se pudo disponer de espacios más amplios y adecuados, así como de mejores condiciones de salubridad.

Con el surgimiento del sistema de monopolio, las operaciones para fabricar puros y cigarros fueron subdivididas en múltiples fases exclusivamente manuales, si se exceptúa la operación de "cernido", y fueron creadas cuadrillas de trabajadores con maestros y maestras de mesa. Los oficiales responsables de la administración y algunos empleados de carácter permanente constituían un grupo reducido de trabajadores fijos que percibían sueldos por día o jornales con promedios anuales de 140 a 600 pesos, mientras los pureros, cigarreros, envolvedores y otros trabajadores manuales —hombres y mujeres— recibían una remuneración a destajo por tareas, un salario que no se diferenciaba del de otros artesanos. A pesar de la prolongada jornada de trabajo y de las complejas medidas disciplinarias vigentes, en varios casos la duración dependía de la cantidad de trabajo asignada y el mismo número de las jornadas laborales anuales varió mucho en el tiempo desde un mínimo de 134 a un máximo de 230 según los años. Cabe recordar que en 1771 fue reconocida la asociación La Concordia, sostenida con las cuotas de los trabajadores del tabaco de la ciudad de México, cuya función era proveer a la asistencia en caso de enfermedad —hecho muy frecuente entre los tabaqueros—, a los gastos de entierro y a la ayuda a viudas y huérfanos; dado el gran número de miembros, esta asociación se diferenció de otros gremios por la gran disponibilidad de fondos y sobre todo por su capacidad de cohesión en momentos de reivindicaciones sociales.

Con el estallido de la Independencia la producción de tabaco continuó bajo el mismo sistema de monopolio, pero se presentaron algunos problemas, pues desde 1812 los plantadores ya no recibieron crédito de la administración del Estanco; en 1815 la fábrica de la ciudad de México fue habilitada para las necesidades del ejército, mientras los trabajadores fueron trasladados al Hospicio de Pobres y en 1816 se pasó a un sistema de contratos. En 1819 fueron discutidos varios proyectos para ampliar la fábrica y reorganizar la producción, pero ante los acontecimientos políticos quedaron en letra muerta. Durante el Primer Imperio el estanco continuó y, a pesar de las controversias, los primeros gobiernos republicanos establecieron que las fábricas existentes pagaran un impuesto federal, hasta que en mayo de 1829 se declaró el libre comercio del tabaco a cambio de impuestos sobre las plantas cultivadas y el tabaco labrado. Sin embargo, ante la rápida disminución de las entradas fiscales por las numerosas dificultades administrativas, se estableció el sistema de renta pública, es decir de arrendamiento del monopolio a empresarios contratistas, que se mantuvo hasta 1856 en medio de breves periodos de regreso al estanco. Entre estos contratistas figuraban algunos comerciantes que habían adquirido títulos de la deuda pública como Agüero González y Cía., Felipe Neri del Barrio y Manuel Escandón entre otros; fue precisamente Escandón el principal beneficiario del remate del Estanco del tabaco en 1856. Por lo que se refiere a las cuestiones laborales, cabe señalar que continuaba en vigor el sistema de manufactura manual, aunque en vísperas de la guerra con los Estados Unidos la idea de introducir máquinas para fabricar cigarros suscitó alarma entre los trabajadores de la ciudad de México.

Con la liquidación del monopolio y de la renta pública del tabaco en 1856 se delinearon dos nuevos fenómenos: se amplió el cultivo libre de tabaco y se multiplicaron los talleres para labrar los puros y cigarros junto a la creación de algunos nuevos establecimientos fabriles. Por lo que se refiere al cultivo del tabaco se extendió en la región de Orizaba y luego progresivamente en el sur de Veracruz y en el valle Nacional, sobre el río Papaloapan en Oaxaca, para finales de siglo, alcanzando una producción de algo más de 7 000 toneladas entre 1877 y 1892 con algunos picos en los años posteriores. No obstante la vuelta a los talleres, en la década de 1870, surgieron una decena de fábricas con unos 300 trabajadores que mantenían las características tradicionales de la manufactura del tabaco con empleo de mano de obra femenina, sobre todo, porque resultaba más barata; ante las continuas protestas de las obreras los fabricantes de la capital intentaron recurrir al trabajo de los detenidos en las cárceles y aumentar las tareas, lo que dio lugar a varias huelgas entre 1887 y 1888 en la ciudad de México, para fijar la tarea diaria en 2 500 cigarros por cuatro reales.[35]

Entre las fábricas de la época cabe destacar El Buen Tono, fundada en 1875 en la ciudad de México, cuyo principal accionista fue el francés Ernesto Pugibet, quien en 1894 la transformó en una sociedad anónima y para 1910 era uno de los grandes accionistas de La Cigarrera y La Tabacalera —fábricas que entonces producían algo más de la mitad de los cigarrillos consumidos en México—, además de ser accionista de la fábrica textil San Ildefonso y de la Cía. Nacional de Dinamita y Explosivos. Al mismo tiempo Pugibet fue de los primeros accionistas que participaron en la creación de sociedades para utilizar la energía hidroeléctrica en la industria: en 1895 adquirió algunos saltos de agua en las cercanías de su fábrica de lana San Ildefonso, introduciendo la energía eléctrica en la fábrica de cigarros El Buen Tono, al mismo tiempo que creó una

---

[35] Arturo Obregón Martínez, *Las obreras tabacaleras de la ciudad de México (1764-1925)*, Cehsmo, México, 1982, pp. 79 y ss.

compañía de electricidad propia, contratando algunos servicios en la capital. Pugibet introdujo en 1888 en la fábrica El Buen Tono un tipo de máquina que producía 192 cigarrillos por minuto, una medida que redujo la necesidad de mano de obra, así como los costos y que facilitaba el control del mercado interno habida cuenta de la ampliación del transporte ferroviario, desplazando rápidamente a los pequeños talleres y a las fábricas que abastecían mercados locales y regionales: en 1910 El Buen Tono producía 166 millones de cajetillas y la tasa de ganancia de 14% entre 1902 y 1910 resulta entre las más elevadas de la industria de transformación durante el periodo.

La progresiva mecanización de la fabricación del cigarrillo, determinó al mismo tiempo que la manufactura de puros quedara como una actividad especializada siguiendo la antigua tradición cultural y artesana, cuyo centro fue la región de Veracruz en donde en 1910 había alrededor de 1 800 obreros ocupados en las fábricas y talleres tabaqueros; en 1913 había 57 establecimientos en varios municipios del estado de Veracruz, pero en 1923 habían disminuido a la mitad, pues varios habían tenido que cerrar como la fábrica de puros El Valle Nacional de Xalapa que dejó de producir en abril de 1922. La crisis del sector purero en aquellos años no dependió de los desbarajustes de la lucha revolucionaria, sino de la misma naturaleza manufacturera del sector. En realidad, contribuyeron a ella la política fiscal del gobierno que no tuvo en cuenta las dificultades del mercado y la demanda limitada y variable; pero sobre todo hay que señalar que la naturaleza del trabajo a destajo del sector purero, con su consiguiente flexibilidad y el carácter paternalista que asumía en los pequeños talleres y fábricas medianas, entró en abierto contraste con la nueva legislación laboral surgida de la lucha revolucionaria. En efecto, los continuos conflictos que se registraron a partir de 1913 y sobre todo en 1918, para reglamentar el trabajo, hicieron en poco tiempo incosteable una actividad difícil de mecanizar que se basaba en la habilidad de los trabajadores.[36] La crisis de la economía del tabaco en Veracruz se extendió también al terreno del cultivo pues la exigencia de tabacos rubios para la elaboración de cigarrillos había hecho surgir las plantaciones en Nayarit desde la primera década del siglo, región que para 1930 aportaba la mitad de la producción nacional de tabaco.

La remodelación industrial del sector tuvo lugar en los años veinte, cuando en 1924 empezó su actividad en México la fábrica El Águila, cuyo mayor accionista era la British American Tobacco asociada con algunos mexicanos como Pedro Maus, quien poseía una fábrica de tabaco en el puerto de Veracruz. Esta compañía introdujo maquinaria muy moderna, por su capacidad económica y por ser una gran empresa que operaba a nivel internacional. Mientras El Buen Tono, que había modernizado sus máquinas, en 1924 producía 600 cigarrillos por minuto, El Águila instaló máquinas aún más modernas, capaces de producir 1 350 cigarrillos por minuto; esta última sociedad, en apenas cuatro años, se impuso en el mercado interno pasando a ser desde ese momento la empresa dominante en México. El Buen Tono entre 1928 y 1932 dejó de pagar dividendos y el valor de las acciones de las empresas tabacaleras asociadas disminuyó con gran rapidez y para 1932 las tres compañías que habían dominado el mercado interno desde finales de siglo, controlaban apenas 10% de la producción. En 1936 la British American Tobacco amplió su presencia en el mercado mexicano creando en Monterrey la Cía. Cigarrera

---

[36] José González Sierra, *Monopolio del humo. (Elementos para la historia del tabaco en México y algunos conflictos tabaqueros veracruzanos: 1915-1930)*, Universidad Veracruzana, Jalapa, 1987, pp. 105 y ss.

La Moderna, que adquirió varias fábricas de cigarros, y luego la sociedad intermediaria Tabaco en Rama S.A. para la compra de la hoja a los cultivadores de Nayarit, hasta que en noviembre de 1972 ésta fue suplantada por la empresa paraestatal Tabacos Mexicanos S.A. —que en 1963 ya había absorbido algunas antiguas empresas mexicanas— con la función de regular las relaciones entre los ejidatarios productores y las empresas tabacaleras.[37]

La producción manufacturera para el mercado interno en el siglo XIX dependía de numerosos talleres domésticos y de pequeñas oficinas, así como también del trabajo en las cárceles y en algunos hospicios, desde la elaboración de alimentos, a las fábricas de bebidas alcohólicas (alcohol de caña, tequila, pulque y mezcal) hasta las herrerías. Entre las industrias de transformación de materias primas del sector primario, sin importantes antecedentes de tipo artesanal —salvo en el caso del calzado—, que para 1890 conocieron un rápido proceso de mecanización con nuevas fuentes de energía, cabe señalar las cervecerías y la actividad anexa de la elaboración de envases de vidrio, las fábricas de papel y de jabón. Por lo que se refiere a las cervecerías el número de las grandes fábricas fue limitado y con el tiempo hubo un proceso de concentración productiva, mientras los ejemplos del papel y del jabón configuraron un tipo de actividad industrial en la que de hecho pocas compañías controlaron por algún tiempo los respectivos sectores.

En lo que se refiere a las primeras fábricas de cerveza, éstas fueron instaladas alrededor de 1865 en México y en Toluca, pero a partir de 1890 surgieron otras en varias ciudades para abastecer el mercado local, entre las que merece destacar la Cer-

---

[37] Jesús Jauregui et al., *Tabamex. Un caso de integración vertical de la agricultura*, Nueva Imagen, México, 1980, pp. 68 y ss.

vecería Cuauhtémoc de Monterrey y la de Orizaba. La producción de cerveza pasó de este modo a 17 millones de litros anuales en barril en 1901 y a alrededor de 25 millones en 1910, año para el que las importaciones habían disminuido mucho. La Cervecería Cuauhtémoc —fundada por Isaac Garza, José Murgueza y Francisco Sada— empezó a producir en 1890, cuando contaba con unos 50 trabajadores que pasaron a 550 en 1902. Los socios de esta fábrica intentaron disminuir los costos de producción fabricando los envases que en la época había que importar; para ello organizaron en 1899 una sociedad, ampliada en 1904, introduciendo cinco años después máquinas automáticas de patente estadunidense para substituir la técnica del soplado; se llegó de este modo a producir en aquel momento 40 000 envases diarios.[38] Las ventas de la Cervecería Cuauhtémoc aumentaron progresivamente hasta 1912, llegando a más de 16 millones de litros, constituyéndose así en la principal fábrica a nivel nacional, que aventajaba a la Compañía Cervecera de Toluca y México, que abastecía la capital y amplias zonas del centro del país, y a la Cervecería Moctezuma de Orizaba.

En 1914 la Cervecería Cuauhtémoc de Monterrey fue intervenida por el general Pablo González y la producción disminuyó hasta que empezó a recuperarse en la fase posrevolucionaria; entre 1924 y 1930 aumentó a más de 30% su participación en el mercado interno. Las 24 fábricas existentes entonces empleaban unos 5 000 trabajadores, de los cuales 1 150 eran de la empresa regiomontana y otros tantos en las otras tres grandes compañías (Moctezuma, Toluca y México y Modelo), mientras las demás distribuidas en varias partes ocupaban menos de

---

[38] Alex M. Saragoza, *The Monterrey Elite and the Mexican State, 1880-1940*, University of Texas Press, Austin, 1988, pp. 64 y ss.

100 trabajadores. Las cervecerías sufrieron, sin embargo, los efectos de la contracción de la demanda interna provocada por la crisis económica mundial de 1929-1932 y entre las más afectadas, junto a otras pequeñas empresas, estuvo la compañía de Toluca que se vio obligada a cerrar en 1935 cuando fue adquirida por la Cervecería Modelo. La producción de cerveza, por parte de estas principales empresas, conoció un aumento constante en el tiempo, tanto que el consumo por habitante pasó de 14 litros en 1925 a más de 30 a partir de 1965, desplazando progresivamente a las tradicionales bebidas de consumo popular como el pulque. La consolidación de la Cervecería Cuauhtémoc en el mercado nacional se debió a su temprana integración vertical desde la producción directa de malta, a la del cartón para los envases en 1929 y del tapón corona o corcholata, introducido desde 1903, así como la producción de botellas por parte de la Vidriera Monterrey que había reanudado la actividad en 1917, después de la fase armada revolucionaria, creando en breve tiempo unas 25 fábricas subsidiarias, núcleo del complejo de empresas del Grupo Vitro.

En cuanto a los molinos de papel en la Nueva España, a pesar de los intentos para su creación, la norma durante todo el periodo colonial fue la falta de papel para los actos oficiales, la imprenta, el de uso corriente y para las manufacturas de tabaco; la administración virreinal tuvo que recurrir, por tanto, a las importaciones, enfrentando numerosas disfunciones y elevados costos. Desde alrededor de 1840, la elaboración de papel se hacía de manera manual en pequeños establecimientos, pero en 1878 había ya siete fábricas, sobre todo en las zonas aledañas de la capital, que producían unas 2 000 toneladas, a las que se añadieron otras cinco algunos años después. La mecanización de esta industria empezó en 1892 cuando entró en actividad la moderna fábrica de San Rafael; ésta había surgido en Chalco adaptando una antigua fundición y la sociedad amplió su capital, tanto que en 1905 había absorbido las pequeñas fábricas existentes en la capital y empleaba alrededor de 2 000 trabajadores, nivel de ocupación que no había variado en los años veinte, aunque las relaciones laborales —que en algunos repartos se hacían por cuadrillas de pocas decenas de trabajadores— no diferían de las condiciones vigentes en las haciendas de la época; después de la revolución perdieron el carácter paternalista dominante ya sea por el peso adquirido por la organización sindical y por la adopción de nuevos procesos técnicos en la fabricación del papel. La sociedad San Rafael y Anexas había organizado en breve tiempo una integración vertical de la producción desde el aprovisionamiento de la madera en sus haciendas forestales, a la generación de energía hidroeléctrica, a todas las fases de elaboración y al transporte, manteniendo el monopolio de la distribución del papel para periódicos hasta 1936, cuando fue creada una compañía estatal aunque hasta la segunda guerra mundial se importaba 75% de la pulpa. En los años cuarenta surgieron otras empresas paraestatales como la Cía. Industrial de Atenquique en Jalisco —con una importante reserva forestal—, Celulosa de Chihuahua y Fábrica Papel de Tuxtepec que permitieron disminuir la importaciones.

En lo que se refiere al tema de la producción de jabones, a partir de 1890 se habían establecido algunas fábricas que los preparaban con grasas vegetales, junto a los talleres existentes desde hacía tiempo de grasas animales. Sin embargo, con la expansión de la zona algodonera de La Laguna y la adopción del algodón estadunidense de siembra anual, se había empezado a utilizar la semilla para obtener aceites y jabones. En 1898 surgió la Compañía Industrial Jabonera de La Laguna —aunque no fue la única en la región— con la finalidad de adquirir la semilla de algodón de la zona transformando la fábrica de Gómez Palacio, activa desde 1892, en el principal productor nacional de jabón, aceites y glicerina, hasta su disolución en 1923 para convertirse en una cooperativa entre agricultores. La transformación de las semillas oleaginosas tuvo particular desarrollo en Jalisco, donde a principios de los cincuenta existían unas 15 empresas, casi todas en Guadalajara.

En cuanto al sector del calzado, su mecanización a principios del siglo XX desplazó en parte los numerosos talleres artesanales de naturaleza familiar que existían en las zonas rurales y urbanas. La fábrica de Carlos B. Zetina en la capital empezó su producción en 1901 y para 1911 producía 1 200 pares de zapatos diarios; para 1908 había otras dos fábricas en la ciudad de México y otras en Gómez Palacio y San Luis Potosí, así como en Guadalajara, donde a partir de la empresa familiar López-Chávez surgió con el tiempo el complejo de empresas de Calzado Canadá.[39] La mecanización de la industria de transformación de materias primas del sector primario para producir bienes de consumo perecedero, llevó desde principios del siglo XX a la concentración de algunas de estas industrias en pocas manos, a través de sociedades anónimas en las que figuraban accionistas con múltiples intereses en varios sectores afines, lo que contribuyó a ampliar la fuerza económica de grupos regionales que han mantenido en el tiempo una posición preeminente en la jerarquía industrial mexicana.

---

[39] Carlos Alba Vega y Dirk Kruijt, *Los empresarios y la industria en Guadalajara*, El Colegio de Jalisco, Guadalajara, 1988, pp. 151 y ss.

Industrias de recursos naturales no renovables e intensivas de tecnología

LA INDUSTRIA SIDERÚRGICA

La PRIMERA ETAPA de la industria siderúrgica pesada en México está relacionada con la producción de estructuras de acero por parte de la Compañía Fundidora de Fierro y Acero de Monterrey, una sociedad por acciones constituida en mayo de 1900 y cuyas instalaciones entraron en función a principios de febrero de 1903. La sociedad se constituyó con un capital accionario de 10 millones de pesos: los principales accionistas fueron algunos hombres de negocios de la ciudad de México, como Antonio Basagoiti y León Signoret, quienes representaban intereses industriales y financieros, y un grupo de inversionistas regiomontanos, exponentes de los intereses industriales y bancarios locales (Milmo, Garza-Sada, Zambrano, Ferrara, Madero y otros), y a accionistas de una de las dos compañías fundidoras de plomo.[40] Una vez instalada la planta, la compañía obtuvo algunos contratos para materiales de construcción de edificios públicos en la capital y para la reposición de rieles ferroviarios. La Fundidora disponía de un alto horno, instalado

---

[40] Alex M. Saragoza, *op. cit.*, pp. 57-58; Mario Cerutti, *Burguesía, capitales e industria en el norte de México. Monterrey y su ámbito regional (1850-1910)*, Alianza Editorial, México, 1992, pp. 339-340.

por una sociedad estadunidense, para producir lingotes de hierro con una capacidad de 300 toneladas diarias, tres hornos Siemens-Martin para la aceración con una capacidad de 35 toneladas diarias, además de las instalaciones y departamentos de transformación.[41] La producción de arrabio y lingotes de acero aumentó progresivamente hasta 1911, sin llegar a su plena capacidad productiva de alrededor de 100 000 toneladas anuales y, a pesar del incremento de la producción de varillas, vigas y rieles, hubo necesidad de seguir importando estos materiales.

La localización de la Fundidora en Monterrey, más allá de las conexiones financieras locales, dependió sobre todo de las necesidades técnicas relacionadas con la cercanía a las fuentes de materias primas y, en particular, al carbón coquizable —elemento fundamental como reductor del mineral de hierro—, cuyos costos inicialmente fueron elevados (más del doble con respecto a los vigentes en los Estados Unidos y algo menor a los de la Gran Bretaña) pero compensados por los del mineral, lo que a fin de cuentas no influyó en la eficiencia técnica de la planta o en su potencial competitividad en términos estrictamente comparativos. Desde el principio esta sociedad adquirió fundos mineros en Nuevo León y Coahuila, hasta que en 1920 compró las ricas minas de hierro de Cerro de Mercado en los alrededores de Durango, que habían pertenecido desde 1881 a varias compañías estadunidenses. La importancia que tenía el carbón para las fundiciones en general llevó a la formación, a principios de siglo, de varias compañías con capitales extranjeros y mexicanos. En 1902, surgió la Compañía Carbonífera de Monterrey, cuyos principales accionistas eran los

---

[41] William E. Cole, *Steel and Economic Growth in Mexico*, University of Texas Press, Austin, 1967, p. 7.

mismos miembros del grupo regiomontano de la Fundidora. La familia Madero explotó varias minas en la cuenca de Sabinas en Coahuila, las cuales pasaron en 1919 a la American Smelting and Refining Co. (Asarco); además en algunos fundos se instalaron plantas coquizadoras.[42] La Fundidora de Monterrey, dada la complejidad estructural de las instalaciones siderúrgicas, aportó continuas modificaciones, aunque tuvo necesidad de importar por varios años los materiales refractarios para los hornos hasta que en 1927 construyó una propia fábrica de ladrillos. Monterrey era ya una región urbanizada a principios de siglo cuando surgió la industria siderúrgica: la estructura ocupacional de Monterrey se había consolidado entorno a las grandes industrias, es decir las fundiciones y la cervecería —a la que se añadió luego la vidriera—, con más de 3 000 trabajadores, y más de 12 000 si se consideran las otras empresas urbanas y las fábricas textiles de los alrededores, hecho que determinó desde el principio una vocación industrial multiforme.

La demanda de acero estaba cubierta a principios de siglo por las importaciones, hecho que, por un lado, hace comprensible la decisión de crear una industria siderúrgica mientras, por otro, imponía a la Fundidora problemas de costos de los insumos y de eficiencia. A raíz de la crisis internacional de 1907 Adolfo Prieto, uno de los socios de la Fundidora, reorganizó financiariamente la sociedad y obtuvo del gobierno —para entonces posedor de las grandes líneas ferrocarrileras nacionales— un contrato de provisión de rieles y medidas tarifarias protectivas, elementos que permitieron su recuperación aunque no se logró una completa capitalización de la compañía.

---

[42] Arnulfo Villarreal, *El carbón mineral en México. (Notas para la planeación de la industria básica)*, Ediapsa, México, 1954, pp. 137 y ss.

A medida que aparecen nuevos trabajos historiográficos sobre los orígenes de la siderurgia mexicana se plantean interrogantes sobre la amplitud del mercado interno, sobre la competitividad de la Fundidora y se renuevan las dudas acerca de la conveniencia de su instalación. De hecho, cabe señalar que había una demanda interna y una disponibilidad de materias primas —mejorada en el transcurso de la primera década del siglo—, además la Fundidora demostró, entonces, la capacidad de asimilar la tecnología, mientras los niveles de subutilización no parecen haber sido tan altos como se ha sugerido. Sin duda, durante la fase armada de la Revolución el alto horno fue apagado porque se habían paralizado las actividades en las minas, factor que tuvo su impacto de inmediato. Después de la crisis revolucionaria los relativos problemas monetarios y de las huelgas de 1918 —cuando los sindicatos pedían aumentos salariales, el reconocimiento de los nuevos organismos y la creación de la junta de arbitraje— inició un periodo de recuperación económica.

Por lo que se refiere a la industria siderúrgica, a partir de 1925 se empezó a utilizar de manera creciente la capacidad instalada gracias a la demanda originada en el sector de la construcción y por las reparaciones ferroviarias, aunque no hubo una política de ampliación de la red nacional, aspecto este de naturaleza interna relacionado con la esfera política que frenó el crecimiento de la siderurgia mexicana en el periodo de entreguerras. Entre 1926 y 1930 la Fundidora pudo distribuir regularmente utilidades a los accionistas y entre 1933 y 1937 —pasados los difíciles años de la crisis mundial—, a pesar de que no llegó a utilizar plenamente la capacidad instalada, la tasa de ganancia fue la más elevada de toda la industria de transformación. El panorama de la siderurgia nacional sólo se modificó a partir de la coyuntura que va de la nacionalización del petróleo a los años de la segunda guerra mundial. La nacionalización del petróleo en 1938 determinó, en un primer momento, graves tensiones con los Estados Unidos y repercusiones políticas internas que desembocaron en una inmediata crisis económica; sin embargo, a partir de 1941, después del estallido de la guerra, se reanudaron las relaciones bilaterales a través de diversos convenios en función del esfuerzo bélico estadunidense. Entre los primeros acuerdos sectoriales de colaboración estuvo el proyecto para producir laminados y tubos de acero con la doble función de contribuir a las exigencias bélicas de la marina estadunidense y de abastecer las crecientes necesidades del mercado interno. En efecto, la producción de La Consolidada de Piedras Negras, establecida desde 1907 y cuya materia prima era chatarra importada, fue siempre modesta y la Fundidora de Monterrey —que en el transcurso de 1942 instaló un segundo alto horno— seguía produciendo aceros no planos. A finales de 1941 se llegó a un acuerdo para constituir la compañía de Altos Hornos de México con un capital de 52 millones de pesos, entre algunos empresarios y banqueros mexicanos, Nacional Financiera y la Armco International Corporation, para instalar una nueva planta siderúrgica integrada en México, bajo la gerencia de Harold P. Pape, quien jugó un papel decisivo en todas las fases iniciales.[43] La localización de la planta de Altos Hornos en Monclova, en la región central de Coahuila, dependió de la posición estratégica de las fuentes principales de materias primas (hierro, carbón y gas natural), la disponibilidad de agua y las buenas conexiones ferrocarrileras existentes. La nueva planta fue construida con estructuras y materiales procedentes de varias acererías estadunidenses en

---

[43] Harold P. Pape, "Five Years of Achievement at Altos Hornos Steel Company" en *Basic Industries in Texas and Northern Mexico*, University of Texas Press, Austin, 1950, pp. 52 y ss.

desuso o en vías de renovación con una capacidad inicial prevista para producir unas 100 000 toneladas anuales, es decir de modestas proporciones respecto a la de las plantas estadunidenses que producían para un mercado mucho más amplio; este hecho facilitó, sin embargo, los costos relativamente bajos de instalación y permitió una expansión gradual de las inversiones para equipo, a medida que las necesidades productivas se incrementaron.

Entre los principales problemas que se presentaron en la época estaba el de la energía eléctrica, muy escasa en la región, por lo que hubo que proceder a instalar, con bastantes dificultades, un turbo-generador con equipo y accesorios de segunda mano por cuenta de la propia compañía, que para principios de los años cincuenta producía 12 500 kw. La construcción de la planta inició en abril de 1942 y, una vez instalado el alto horno, la actividad productiva empezó en octubre de 1944; al principio los laminados salidos de Monclova se enviaron a los Estados Unidos para la marina estadunidense, dirigiéndose progresivamente hacia el mercado interno, en particular los tubos de acero para Petróleos Mexicanos (Pemex) destinados para construir el gasoducto hacia la capital y el oleoducto para la refinería de Salamanca: entre 1947 y 1957 la red de oleoductos pasó de 1 610 a 6 700 km, entre los cuales cabe destacar el de Minatitlán-Salina Cruz en el istmo por su significado para el abastecimiento de toda la región del Pacífico y el de Tampico-Monterrey para amplias regiones del norte. El impacto de Altos Hornos en Monclova, que a principios de 1940 era una villa de unos 5 000 habitantes, fue determinante para el patrón de urbanización y para los rápidos cambios en la estructura demográfica y social.

La creación de Altos Hornos en Monclova representó un incentivo para la siderurgia mexicana, no sólo en términos de producción —que pasó de las 144 000 toneladas de acero de 1941 a más de un millón en 1957— sino también como estímulo para la siderurgia secundaria a través de la instalación de plantas laminadoras y moldeadoras. En efecto, en 1946 había surgido la planta de laminados de Monterrey de la empresa privada Hojalata y Lámina S.A. (Hylsa) —y, luego su filial, Fierro Esponja—; amplió su actividad el complejo de La Consolidada de Piedras Negras con las laminadoras de Lechería y de la capital —pasando luego en 1960 a Altos Hornos—, mientras en 1955 surgió Tubos de Acero de México S.A. (Tamsa) en Veracruz para las necesidades de Pemex. En 1962 había 53 empresas que producían hierro, acero y laminados con una capacidad de 2 290 000 toneladas, de las cuales 1 470 000 eran producidas en los altos hornos de las tres pincipales acererías (Altos Hornos, Fundidora y La Consolidada) y las restantes 820 000 toneladas por Hylsa (300 000) y las demás empresas no integradas. Mientras la Fundidora, que poseía las minas de Cerro de Mercado, adquiría el carbón coque de la planta coahuilense de Asarco en Nueva Rosita, en 1955 fue instalada en Monclova la planta conquizadora de Mexcoque —una sociedad mixta con participación de Nacional Financiera— para abastecer a Altos Hornos y, para utilizar el gas de coquización, fue creada una fábrica de fertilizantes también en Monclova; fueron adquiridos además los fundos ferríferos de La Perla en Chihuahua y de Hércules en Sierra Mojada en Coahuila.[44]

El impulso de la producción siderúrgica en los años de la segunda guerra mundial indujo a vislumbrar las posibilidades del aprovechamiento de los yacimientos de hierro de la vertiente del Pacífico (Peña Colorada en Colima y Las Truchas en

---

[44] Luis Torón Villegas, *La industria pesada del norte de México y su abastecimiento de materias primas*, Banco de México, México, 1963, pp. 15 y ss.

Michoacán), conocidos desde principios de siglo y con reservas importantes, pero no explotados a causa de los altos costos económicos por falta de comunicaciones entre la región y el resto del país. La explotación de estos yacimientos de hierro habría culminado en 1971 con la decisión de realizar el complejo siderúrgico Las Truchas-Lázaro Cárdenas (Sicartsa) en la desembocadura del río Balsas y su entrada en función cinco años después; se trataba de construir una planta junto al mar que modificaba el patrón de localización, determinado por la cercanía del abastecimiento de materias primas, siguiendo el ejemplo adoptado por algunos países europeos después de la segunda guerra mundial y al mismo tiempo respondía a una política de planificación en un sector clave para el crecimiento industrial interno, teniendo en cuenta además las posibilidades de insertarse en el mercado internacional. Las circunstancias que llevaron a la creación de este nueva instalación por el sector público fueron, pues, muy complejas y dilatadas en el tiempo. En 1941, con base en la legislación minera posrevolucionaria, las concesiones mineras de la zona de Las Truchas —pertenecientes a una subsidiaria de la Bethlehem Steel Co. estadunidense— pasaron a formar parte de las "reservas nacionales" con normas restrictivas para su explotación y con una opción preferente hacia el mercado interno, hecho ratificado de manera explícita en 1948 cuando se incorporaron los fundos al patrimonio nacional y se abrió paso la perspectiva de crear nuevas plantas siderúrgicas: las reservas calculadas de Las Truchas fueron evaluadas en 84 millones de toneladas en 1970. La elaboración de los estudios preliminares fueron encargados en 1957 a la empresa alemana Krupp; siguieron luego varias resoluciones presidenciales hasta la definitiva de principios de agosto de 1971 que estableció la construcción de la planta —asignada a la sociedad inglesa John Miles & Partners tras concurso internacional—, cuyo costo había sido estimado en más de 500 millones de dólares de la época, y la autorización para negociar las bases financieras del proyecto con el Banco Mundial y el Banco Interamericano de Desarrollo.[45]

En este largo intermedio y más allá de los controvertidos aspectos políticos ligados a la personalidad de Lázaro Cárdenas, quien fue designado presidente del consejo de administración de la futura empresa estatal el 15 de octubre de 1968, cabe recordar que se verificaron cambios significativos en las orientaciones de la política económica, en particular respecto a la intervención del sector público en la producción, y sobre todo en la estructura de la industria mexicana. La legislación minera, culminada con la ley de principios de 1961 que establecía el control estatal sobre los recursos minerales del país, llevó a la "mexicanización de la minería". La pérdida de la importancia relativa del sector minero después de 1945, en términos de la participación en las exportaciones y como fuente de ingresos, aunada al carácter oligopolístico del sector en manos de las compañías extranjeras —desde la minería tradicional a la de los metales industriales y al de los minerales estratégicos como el uranio—, determinó en efecto una reglamentación de las actividades extractivas reservando una preeminencia a los capitales nacionales y al sector público, con la finalidad de promover el desarrollo industrial. Esta política de intervención estatal, que comprendió también la energía eléctrica y a la petroquímica, tenía su fundamento en la idea de recuperar el rezago en los niveles de industrialización de la sociedad mexicana, bajo los aspectos de una mejor explotación de los recursos naturales y de ampliación

---

[45] Nelson Minello, *Siderúrgica Lázaro Cárdenas-Las Truchas. Historia de una empresa*, El Colegio de México, México, 1982, pp. 26 y ss.

de las infraestructuras, así como de la creación de nuevos polos regionales.

La producción siderúrgica a partir de los años cuarenta había favorecido varias ramas de la industria de transformación para la infraestructura petrolera, de la construcción, de equipo de transporte y de bienes de consumo durables como la industria automotriz, que conoció un importante impulso a partir de la mitad de los años sesenta. La demanda aparente de acero a finales de aquella década era alrededor de tres millones de toneladas y era cubierta por la siderurgia mexicana, pero las proyecciones a mediano plazo daban un aumento considerable, hecho que influyó en la idea de llevar a cabo el proyecto de Las Truchas. La disyuntiva que se había planteado, mientras tanto, para aumentar la producción de acero había sido la de construir varias plantas con distintos procedimientos (reducción directa con gas natural o a través de hornos eléctricos) o bien un único complejo integrado —utilizando el proceso de elaboración por alto horno con planta de aceración (Basic Oxygen Furnace)— junto a los yacimientos de hierro y a un puerto marítimo con facilidades de comunicación; tras varios estudios e hipótesis se optó por esta segunda solución.

Las dificultades mayores del complejo siderúrgico de Las Truchas derivaban ante todo del aprovisionamiento de carbón coquizable, pues las reservas disponibles estaban destinadas a abastecer las plantas de Monclova y de la Fundidora, que habían transformado sus instalaciones construyendo nuevos hornos y trenes de laminación, por lo que se decidió recurrir de inmediato a la importación de carbón sin renunciar a la búsqueda de nuevas reservas nacionales. Las inversiones en obras de infraestructura fueron considerables pues había que crear un sistema de comunicaciones ampliando la red de carreteras, prolongando el ferrocarril (la vía férrea más cercana existente en 1970 llegaba solamente hasta Apatzingán a unos 100 km en la sierra michoacana) y construyendo un puerto en la desembocadura del río Balsas. Entre los principales problemas estaba también el de la disponibilidad de energía eléctrica, objeto de estudio desde los años cincuenta de varias comisiones para el aprovechamiento de los ríos de la cuenca hidrográfica del Pacífico central y que en ese momento podía ya contar con la presa hidroeléctrica de La Villita, cuya construcción se había iniciado en 1964. Entre las finalidades del complejo siderúrgico figuraba la creación de un polo de desarrollo regional, lo que en efecto llevó a promover un nuevo sistema de infraestructuras para la región de la costa michoacana, mientras los resultados en términos de descentralización de la industria de transformación se han revelado ilusorios. La nueva instalación siderúrgica de Sicartsa en Lázaro Cárdenas-Las Truchas (con las sucesivas plantas de tubos, de fertilizantes y de fundición pesada construidas en 1980) fue concebida pues según las características técnicas de alto horno dominantes en la época y como un complejo integrado *ex-novo* con una capacidad inicial anual de 1 250 000 toneladas de acero.

Desde 1970 la minería de hierro había adoptado el proceso de concentración o producción de *peletz* en las mismas minas llevando así a un proceso de mayor integración con la siderurgia. En 1979 surgió el consorcio estatal Sidermex con el propósito de coordinar las empresas productoras de minerales ferrosos y carbón con las tres fundidoras y las otras empresas acereras. Altos Hornos y la Fundidora de Monterrey se abastecían entonces de las reservas de hierro de La Perla-Hércules, donde a partir de 1983 se instalaron nuevas plantas peletizadoras y se construyó un ferroducto de 382 km que unía las minas a Monclova, con una capacidad anual de transporte de 4.5 millones de toneladas, cuya explotación se intensificó con el cierre, poco después, de las minas de Cerro de Mercado. En 1975 había entrado en función una primera planta peletizadora en Manzanillo (una segunda lo hizo en 1979) y el relativo ferroducto de 44 km desde las minas de Peña Colorada, propiedad de un consorcio minero compuesto por las mismas empresas siderúrgicas. En efecto, Sidermex, desde su institución en 1979, ha permitido una buena utilización de los recursos hasta superar la desventaja inicial de Sicartsa por lo que se refería a la importación de carbón.[46]

La producción siderúrgica conoció, a partir de la entrada en función del complejo de Las Truchas, un importante aumento; pasando de un promedio de cinco millones de toneladas de acero en 1974-1977 a más de siete millones en la década siguiente, aunque no se consiguió cubrir totalmente la creciente demanda del mercado interno, por lo que se tuvieron que importar cantidades variables. Sin embargo, en el transcurso de los años ochenta se verificó una grave crisis del sector determinada por varios factores; ante todo, la siderurgia mexicana ha adoptado con retraso —entorno a 1989— innovaciones tecnológicas decisivas, como la colada continua en el proceso de aceración respecto al sistema de los hornos Siemens-Martin —cambio realizado desde finales de los setenta en los países industriales avanzados— y la computarización de las fases productivas, factores que han producido una mejor organización del trabajo y ahorros en el consumo de energía. Por otro lado, la crisis de la deuda mexicana en 1982 determinó una disminución de la producción industrial a nivel nacional, con los consiguientes contragolpes monetarios y financieros; la demanda interna se había estabilizado alrededor de ocho millones de toneladas en

---

[46] Juan Luis Sariego et al., *El Estado y la minería mexicana. Política, trabajo y sociedad durante el siglo XX*, FCE, México, 1988, pp. 277 y ss.

el transcurso de la década, mientras la capacidad productiva continuó creciendo entre 1980 y 1989, llegando en esta última fecha a 11.2 millones de toneladas, no obstante el cierre de la Fundidora de Monterrey en 1986, estatizada una década antes.[47] La sobreproducción mundial de acero había inducido, a partir de los años setenta, a los países industrializados a reducir de manera progresiva la capacidad instalada y a promover innovaciones tecnológicas para adquirir competitividad. En México, donde la dimensión productiva era mucho menor y además el nivel de integración en pocas empresas resultaba más elevado con perjuicio de la calidad y de la variedad de los productos, el proceso ha sido más tardío y para enfrentar la crisis del sector se aplicó además una política contradictoria de exportaciones y de apertura comercial al mismo tiempo. En 1990, por ejemplo, la producción de las principales empresas integradas (Altos Hornos y Sicartsa —ambas privatizadas en 1991—, Hylsa y Tamsa) representaba 84% del total, mientras la parte restante estuvo a cargo de otras 27 empresas aceras menores, cuya mitad de la producción era de aceros no planos, es decir destinada sobre todo al sector de la construcción y no al de bienes de capital, y cuyas importaciones, por otro lado, aumentaron en los años siguientes.

El número de trabajadores de la industria siderúrgica llegó a su máxima expansión en 1985 con 67 072 personas ocupadas (entre obreros, empleados y técnicos) y para finales de 1990 —después de la fase aguda de la crisis del sector— se habían perdido más de 19 000 puestos de trabajo, sin contar que el cierre de la Fundidora en mayo de 1986 representó el cese de unos 11 000 trabajadores con un fuerte impacto social para

---

[47] Isabel Ruedo Peiro (coord.), *Tras las huellas de la privatización. El caso de Altos Hornos de México*, Siglo XXI Editores, México, 1994, cuadro 3 a pp. 95-96 y pp. 254-256.

la economía de Monterrey. El trabajo en varias secciones de la siderurgia ha dado lugar a una gran variedad de funciones reagrupadas en numerosas categorías salariales —para el caso de Altos Hornos más de 850— que fueron reguladas en el tiempo por varios contratos colectivos y con diferencias que han oscilado de uno a tres salarios mínimos; cabe señalar, además, que a pesar de las revisiones aportadas el salario real en este sector ha disminuido respecto a la década de 1970.

LA INDUSTRIA QUÍMICA

La industria química en general conoció un gran impulso, en la segunda mitad del siglo XIX, a partir de la elaboración de productos orgánicos de síntesis como las anilinas y de los cambios introducidos en la producción de sosa, dando lugar a una gran variedad de procesos y productos en la transformación de substancias naturales y artificales, orgánicas e inorgánicas, con múltiples aplicaciones industriales, comprendidas las substancias medicamentosas y los productos farmacéuticos. La industria química se distingue porque ha requerido desde sus albores un uso intensivo de capital, así como una tecnología compleja, y una cantidad limitada de mano de obra constituida, en una alta proporción, por técnicos especializados.

La industria química mexicana, exceptuando la producción jabonera de la época porfiriana, se amplió en el transcurso de los años veinte del siglo XX en relación con la fabricación y comercialización de colores, pinturas, barnices, pegamentos, velas, esencias, perfumes y drogas medicamentosas. En 1924 la compañía petrolera El Águila empezó a producir ácido sulfúrico en su planta de Minatitlán y sólo en 1938 Productos Químicos de México comenzó a producir sosa cáustica y cloro por electrólisis; en los primeros años de la década del cuarenta, Celanese Mexicana crea el primer establecimiento de fibras químicas y surgen los de fertilizantes, con el anexo a la planta coquizadora de Mexcoque en Monclova y el de Cuatitlán —instalado a principios de los cincuenta— de la empresa estatal Guanos y Fertilizantes de México para obtener amoníaco a partir del gas natural, mientras a finales de 1965 nace la empresa mixta Fertilizantes Fosfatados Mexicanos.[48] La misma producción de gas licuado de petróleo empezó solamente en 1946, dando lugar en pocos años a un centenar de empresas de distribución. La moderna industria química en México adquirirá vigor, en efecto, con la nacionalización del petróleo en 1938, momento a partir del cual se integraron todas las actividades y para favorecer el mercado interno, se inició así una nueva fase a partir de las disposiciones legislativas de 1958-1960, que reservaron la producción de materias primas de uso industrial para el sector público.

El sector químico-farmacéutico en México, por otro lado, estuvo dominado a finales de los años veinte por las empresas del consorcio alemán I. G. Farben a través de la Cía. General de Anilinas, la casa farmacéutica Bayer —que estableció sus propios laboratorios en 1939—, Hoechst, Schering, la Unión Química Agfa y el Instituto Bering, es decir sociedades que distribuían medicamentos y productos químicos (colorantes, insecticidas y artículos de fotografía): a principios de la década de 1940, por ejemplo, la casa alemana Beich & Felix abastecía de medicamentos a 7 000 puntos de venta en varias partes del país. Estas empresas y casas comerciales alemanas fueron intervenidas en julio de 1943 por el gobierno mexicano, en el marco de los acuerdos subscritos durante las conferencias interamericanas en

---

[48] José Giral B. et al., *La industria química en México*, Redacta, México, 1978, pp. 10 y ss.

ocasión de la segunda guerra mundial, pasando bajo la Junta de Administración de la Propiedad Extranjera. Fueron creados entonces los laboratorios Farquinal (Farmacia Química Nacional), que en un principio se dedicaron a la producción de esteroides hasta que, una vez devueltas las empresas alemanas entre 1956 y 1957, suspendieron las actividades en 1962.

A partir de los años cuarenta la producción de hormonas-esteroides representó una importante actividad en el terreno de las materias primas farmacéuticas, pues la planta silvestre "cabeza de negro" y, desde 1949, el barbasco sustituyeron como elementos básicos a las cortisonas de origen animal. Junto a la sociedad Syntex, creada en 1944 por el químico Russel Marker, surgieron a principios de los cincuenta algunas empresas mexicanas independientes que producían varios tipos de hormonas-esteroides, comprendida la sociedad estatal Farquinal. Sin embargo, con la absorción de la empresa Syntex por la estadunidense Odgen Corporation en 1956 inició la penetración de las multinacionales estadunidenses y europeas en el sector, dominado desde entonces por seis empresas, que desplazaron a los productores mexicanos, hasta que en 1975 surgió la empresa estatal Proquivemex (Productos Químicos Vegetales Mexicanos) como intermediaria entre los recolectores de barbasco y las multinacionales que operaban en México.[49] La industria mexicana de esteroides estuvo orientada desde el principio hacia la exportación y los ingredientes obtenidos de la planta de barbasco en los años cincuenta representaban la base de más de 80% de la producción mundial de esteroides, una posición privilegiada que empezó a reducirse en la década siguiente por el desarrollo de otras fuentes de aprovisiona-

---

[49] Gary Gereffi, "Empresas", en Fernando Fajnzylber (coord.), *Industrialización e internacionalización en América Latina*, 2 vols., FCE, México, 1981, vol. II, pp. 360 y ss.

miento de naturaleza sintética, pero también porque en México las tierras en las que crecía el barbasco se destinaron progresivamente a otros usos agrícolas.

Si en el sector de los esteroides ha prevalecido en México la producción destinada a las exportaciones, a pesar de la creciente competencia externa, la de otras especialidades farmacéuticas ha resultado deficitaria respecto a las exigencias del consumo nacional: los antibióticos —producidos en México a partir de la mitad de los años sesenta por unos cinco laboratorios— en 1969 representaban el 14.6% del consumo interno, mientras a la incipiente producción de vitaminas y a la elaboración de productos balanceados para animales se destinaba entonces el 95%. Las otras 17 materias primas de uso farmacológico, empezando por el ácido acetil salicílico, eran producidas por 11 empresas con un relativo nivel de especialización en pocos productos y en gran parte de importación.[50] En general las empresas multinacionales del sector han controlado la tecnología adaptando su capacidad productiva a la dimensión del mercado, por naturaleza poco elástica, y aprovechando el nivel de precios de la materias primas. Entre las principales 40 empresas farmacéuticas operantes en México a principios de los años setenta prevalecían, en efecto, las multinacionales en una lógica de especialización productiva en pocos productos por empresa, hecho que amortiguaba el nivel de concentración oligopólica. En 1982 había 71 empresas que fabricaban materias primas químico-farmacéuticas, entre laboratorios integrados y no, de las cuales sólo 44% tenía participación mexicana. En efecto, en la industria farmacéutica el peso de las corporaciones multinacionales y la dependencia externa, por lo que se refiere a las

---

[50] Miguel S. Wionczek et al., *La transferencia internacional de tecnología. El caso de México*, 2a. ed., Siglo XXI Editores, México, 1988, pp. 189 y ss.

materias primas, con fenómenos de sobreprecio, y la tecnología constituyen aspectos que se han mantenido constantes ante un mercado interno sustancialmente determinado por el consumo directo a través de la libre venta en las farmacias y a la mayor demanda, sobre todo en los años sesenta, por parte de los organismos públicos del Seguro Social.

El impulso al desarrollo de la industria petroquímica está directamente relacionado con la intervención estatal a partir de la ley específica para esta rama de noviembre de 1958, de la ley reglamentaria de agosto de 1959 y del acuerdo presidencial de enero de 1960, textos cuyas normas reservaban la producción de petroquímicos básicos derivados del petróleo al sector público al mismo tiempo que autorizaban la participación del capital privado en la transformación de los productos secundarios a condición de que fuera mexicano 60%, disposición modificada en 1989 admitiendo una mayor apertura a las inversiones extranjeras. La legislación inicial establecía también organismos de control: en 1965 fue creado el Instituto Mexicano del Petróleo con la finalidad de promover y coordinar la investigación científica del sector. Con base en estas disposiciones legislativas se proyectaron las primeras plantas petroquímicas de Pemex con importantes inversiones, 20 000 millones de pesos hasta 1975, lo que permitió un rápido desarrollo de todo el sector a partir de 1965 con una tasa promedio de crecimiento anual de 20% durante toda la década siguiente y una acentuada disminución de los productos importados. La industria petroquímica en 1975, contaba ya con unas 200 empresas que ocupaban unos 60 000 trabajadores con capacidad para obtener una amplia gama de productos.[51]

---

[51] Manuel Martínez del Campo, *Industrialización en México. Hacia un análisis crítico*, El Colegio de México, México, 1985, pp. 107-109; Edward J. Williams, *The Rebirth of the Mexican Petroleum Industry*, University of Arizona, Lexington, 1979, pp. 32 y ss.

El descubrimiento de nuevas reservas petroleras en la región del Golfo determinó, tras la crisis internacional de los precios del petróleo de 1973, la vuelta de México al mercado internacional como país exportador con una política expansiva de Pemex basada en el aprovechamiento de los recursos y en incentivos en función de las previsiones del crecimiento de la demanda. Fueron ampliados entonces algunos centros de refinación y construidas las nuevas refinerías de Cadereyta en Nuevo León y de Salina Cruz en el istmo. Al mismo tiempo empezó la construcción de nuevas plantas petroquímicas, en gran parte localizadas en Veracruz, entre las que sobresale el gran polo petroquímico de La Cangrejera completado en 1984; en 1982 había ya 17 complejos con 92 plantas activas. La presencia de refinerías como fuente de materias primas ha constituido un factor importante en la localización de las empresas químicas, hecho acentuado en la región veracruzana a causa de las deficientes condiciones de la infraestructura de transportes, pero el número de instalaciones en el área conurbada del Distrito Federal resulta elevado por la disponibilidad de energía eléctrica y la cercanía con los centros de consumo.

La evolución del sector petroquímico mexicano basado en la distinción entre productos básicos o materias primas industriales y la industria secundaria y final, es decir de derivados de ulteriores transformaciones, ha conocido cambios con el tiempo. Los cuantiosos productos básicos (70 o más según las fuentes, cuya principal conformación se puede simplificar: gas natural, etileno, propileno y aromáticos) han sufrido un progresivo proceso de reclasificación desde 1960, sobre todo en 1986 y en 1989, reduciendo su número a 20, y luego en 1991 hasta que en 1992 quedaron en ocho los productos básicos reservados a Pemex, aumentando por consiguiente el de los secundarios y suprimiendo el permiso de fabricación para una gran cantidad de productos adicionales. El sector de los petroquímicos secundarios —en el que tuvo lugar un incremento de las inversiones privadas en el transcurso de los años setenta— comprendía a finales de los ochenta unas 150 empresas, con una acentuada concentración si se considera que las 22 más grandes estaban controladas por cuatro grupos privados —que cubrían 30% de las ventas y una cuarta parte del empleo— con predominio del capital extranjero (Celanese y Cydsa en las fibras artificiales, Desc. —asociada con Monsanto y Resistol o grupo Irsa— en los plásticos y Basf en colorantes y pigmentos), una tendencia que se había manifestado desde un principio debida a la necesidad propia de este ramo industrial de adoptar la más avanzada tecnología, de cuya importación México depende todavía. La moderna industria química configura una rama con eslabones productivos amplios —es decir relacionados con numerosas actividades de transformación de bienes de consumo—, con economías de escala y con un alto nivel de transacciones entre las empresas del sector (57% en 1990 en el caso de México y los Estados Unidos, cuando la producción mexicana equivalía a 5% de la estadunidense); la competitividad de la industria química, en definitiva, resulta ligada a la demanda de los repartos de la cadena final de productos de amplio consumo.

La sobreproducción de la petroquímica de base y la misma reestructuración del sector a nivel mundial en la última década han tendido, sin embargo, a favorecer aquellos países que, como México, poseen los recursos naturales y en los que los precios de las materias primas ofrecen ventajas comparativas. Las exportaciones de la industria química y petroquímica mexicana hacia el mercado estadunidense en particular tuvieron un incremento a partir de 1975 (hasta llegar casi a 45% en 1992), pero esta capacidad de exportación ha dependido de múltiples factores como la reestructuración industrial en algunos países avanzados, la integración vertical y el nivel de especialización, respecto a la norma vigente en otras actividades industriales en las que la exportación constituye un mecanismo de compensación ante aumentos productivos, momentáneas contracciones del mercado de consumo interno y desequilibrios de la balanza de pagos. La capacidad competitiva para las exportaciones de productos químicos mexicanos ha dependido pues, en gran parte, de los menores precios de las materias primas como en el sector de las resinas, del ácido fluorhídrico y de los polímeros;[52] en otros casos, en cambio, ha dependido del nivel de la escala productiva y de integración de las empresas transnacionales: tal sería el ejemplo de la planta mexicana de colorantes de Hoechst, que importa la materia prima y cuya producción está destinada a más de la mitad al mercado latinoamericano, y el de la planta de películas sensibilizadas de Kodak —activa desde 1967— que implica una base técnica de economía de escala. Las razones de la localización en México de estos establecimientos parecen más bien relacionadas con consideraciones generales de política económica y de estrategia empresarial de las multinacionales.

La progresiva apertura comercial a partir de 1983, la adhesión al GATT en 1986 y el acercamiento de los precios de petroquímicos ofrecidos por Pemex desde 1988 —hasta entonces habían regido condiciones de subsidio en medida variable según los años— a los vigentes en el mercado mundial, junto a las reclasificaciones de los básicos para atraer las inversiones extranjeras, coincidieron con una etapa de reestructuración y de mayor competencia a nivel internacional ante la sobrepro-

---

[52] Kurt Unger, *Ajuste estructural y estrategias empresariales en México. Las industrias petroquímica y de máquinas herramientas*, CIDE, México, 1994, pp. 72 y ss.

ducción del sector. En los últimos años la industria química mexicana ha encontrado dificultades para mantener posiciones en algunas ramas como la hulera, ya sea por el aumento de las importaciones, como en el caso del calzado tras la caída de la fabricación de zapatos después de 1982, o por la disminución de la demanda interna como en el caso de las llantas para vehículos, o en el rubro de las fibras químicas para la industria textil y la confección y de los plásticos para envase ante la disminución del consumo nacional. Ante el grado de concentración, de la integración vertical en la cadena productiva y de las economías de escala propias de la industria química se han verificado continuos cambios, pero los principales grupos nacionales han establecido acuerdos con empresas transnacionales para conservar el acceso a la tecnología —uno de los puntos débiles a pesar del esfuerzo realizado por los centros académicos de investigación—, que representa un factor indispensable para adquirir presencia competitiva en los mercados.[53]

---

[53] Máttar Márquez, "Competitividad", en Fernando Clavijo y José I. Casar (comps.), *La industria mexicana en el mercado mundial. Elementos para una política industrial*, 2 vols., FCE, México, 1994, vol. II, pp. 184 y ss.

Industrias de transformación de bienes de consumo final

LA INDUSTRIA MECÁNICA Y SECUNDARIA

VARIAS ENCUESTAS LLEVADAS a cabo en la segunda mitad de los años veinte por la Secretaría de Industria, en un esfuerzo por conocer la verdadera planta productiva nacional, después del periodo revolucionario, reagruparon bajo el rubro genérico de "industrias de los metales" a varias fundiciones existentes y a un centenar de fábricas y talleres mecánicos que en 1928 producían clavos, hojalatería y otros artículos sencillos. Las fábricas clasificadas como industrias mecánicas en 1945 eran 556 y se dedicaban a la producción de artículos laminados, de alambre, de envases de hojalata, de tubería y plomería, de carrocería para camiones y de artículos eléctricos, piezas de fierro gris, válvulas industriales y para petróleos. La mayor parte de estos establecimientos de dimensiones variables, surgidos a partir de los años veinte, estaba concentrada principalmente en la capital y en las zonas aledañas y en segundo lugar en Monterrey.[54] En 1930 se levantó el primer censo industrial (aunque excluía las actividades mineras), mientras los que siguieron, hasta 1945,

---

[54] Inc. Ford, Bacon & Davies, *Industrias mecánicas de México*, Banco de México, México, 1949, pp. 162-63.

se limitaron a registrar datos sobre las grandes empresas con un determinado valor de producción; a partir de 1951 los censos industriales se levantaron con regularidad cada cinco años y en la década siguiente se uniformaron los criterios de encuesta y de tabulación. Cabe destacar, al mismo tiempo, que con la creación en 1941 de la Oficina de Investigaciones Industriales por parte del Banco de México se llevaron a cabo, en aquella época una serie de estudios técnicos sectoriales, con la asistencia de instituciones estadunidenses, como base informativa a partir de la cual impulsar una política de industrialización.

A partir de 1946 se adoptó una legislación proteccionista tendiente a promover industrias nuevas, a integrar la producción industrial y a aumentar las fuentes de empleo, mediante la aplicación de normas relativas al control de las importaciones. Las empresas extranjeras que abastecían de maquinaria al mercado interno, decidieron instalar pequeñas plantas que no requerirían grandes inversiones en tecnología como la de ensamble de tractores de la International Harvester Co., inaugurada en 1947 en Saltillo (con una capacidad inicial de 600 unidades anuales para llegar a 5 000 a principios de los cincuenta), desplazando una quincena de talleres que producían arados e implementos agrícolas; siguieron otras de la Carterpillar y John Deere, así como la Singer por lo que se refiere a las máquinas de coser, la Olivetti a las máquinas de escribir y otras empresas extranjeras productoras de aluminio (Reynolds) y de artículos de refrigeración. En 1953, por ejemplo, había surgido, con capital japonés y de Nacional Financiera, el establecimiento Toyoda de México para producir maquinaria textil, pero en este caso los problemas técnicos se revelaron difíciles de superar y el equipo industrial de esta importante rama ha seguido dependiendo hasta ahora de la importación de los países avanzados, hecho que constituye un cuello de botella y que ha producido altibajos en las inversiones de las empresas textiles a causa de las fluctuaciones en los cambios del peso y en las tasas de interés.

En el sector de bienes de capital ha prevalecido la rama metalmecánica y en general ha habido una producción insuficiente para el mercado interno, tanto que a principios de los ochenta México importaba 40% de sus exigencias en este campo y exportaba solamente 6% de la maquinaria producida. Había que importar turbinas y turbogeneradores, pues la producción de maquinaria y equipo eléctrico está entre las menos desarrolladas, si se exceptúan los componentes para la transmisión y distribución de electricidad; en el terreno de la electrónica profesional, por otro lado, las empresas que operan en México dependían fundamentalmente de la demanda del sector público (Pemex, la Comisión Federal de Electricidad, la compañía del Metro de la capital y la petroquímica básica), mientras la producción de equipo para las telecomunicaciones resulta en cambio muy amplia. Si el equipo de transporte, de hecho, se ha limitado a los carros ferroviarios y la maquinaria agrícola a la fabricación de tractores por parte de las principales sociedades estadunidenses, el grupo más significativo de empresas de bienes de capital se concentra en el ramo de la metalmecánica pesada que en 1975 comprendía unas 84 empresas con más de 38 000 trabajadores ocupados: pailería, maquinaria para la construcción y máquinas herramienta;[55] éste último sector ha conocido, sin embargo, una disminución del número de empresas, pasando de 30 en 1966 a 13 en 1985 y entre 1986 y 1989 cerraron seis empresas más: las dificultades han dependido sobre todo de

---

[55] *México: una estrategia para desarrollar. La industria de bienes de capital*, Nafinsa, México, 1977, p. 235; *México: los bienes de capital en la situación económica presente*, Nafinsa, México, 1985, pp. 125 y ss.

los altos precios del acero en México en comparación con los de otros países.

El impulso adquirido por la industria de transformación a partir de la segunda guerra mundial fue dibujando un panorama de progresiva concentración territorial de las actividades manufactureras, mientras la siderurgia, la economía petrolera y más tarde las inversiones públicas en la energía hidroeléctrica, determinaron el surgimiento de algunos polos de desarrollo con importantes movimientos de población. La localización de la industria manufacturera en el centro del país, que llamó la atención de los economistas mexicanos en los años cincuenta con el relativo corolario de la conveniencia de la planificación y las hipótesis de crear polos de desarrollo industrial descentralizados, respondió en realidad a criterios generales relacionados con la urbanización y con la cercanía a los centros de consumo para disminuir los costos de transporte —dadas las dimensiones limitadas de la red de comunicaciones—, pero no hay que subestimar la necesidad de energía eléctrica para la industria que era entonces el principal consumidor respecto a la minería y a la agricultura.

La constitución en 1902 de la Mexican Light and Power Co., y la concesión obtenida para la explotación de los ríos del "sistema" Necaxa con sus presas en el Estado de México y Puebla, modificó el panorama inicial de múltiples concesiones privadas. La entrada en función de los primeros servicios para la capital a finales de 1905 determinó en el centro del país la absorción de las varias compañías existentes, comprendida la de los tranvías capitalinos, y el aumento de las líneas de transmisión. Los establecimientos textiles y las fábricas del Distrito Federal y de las zonas aledañas recurrieron progresivamente a la energía producida por las empresas de servicio público. Durante varias décadas no se llegó, sin embargo, a un sistema de conexión entre las varias compañías que operaban en el centro del país desde México a Veracruz, Puebla, Guanajuato y Guadalajara, dominadas desde 1905 por el capital extranjero —cuya presencia se incrementó en 1928 con la adquisición de varias empresas por parte de la American and Foreign Power Co.—, pero la concentración de la fuerza motriz hidroeléctrica permitió que las regiones centrales se convirtieran en polos industriales a principios de siglo y las tarifas para el consumo, no obstante las diferencias regionales, resultaron prácticamente invariables de 1900 a 1932, cuando fue impuesta una primera reducción. La compañía hidroeléctrica más importante del norte surgió en 1904 en Chihuahua con la intención de construir la presa la Boquilla sobre el río Conchos —activa algunos años más tarde—, pero no consiguió abastecer todas las regiones circundantes y en el periodo posrevolucionario hubo un prolongado contraste para imponer el aprovechamiento de las aguas en función del riego. Las regiones del noreste, por otro lado, recurrieron a plantas generadoras de electricidad que usaban varios tipos de combustibles (petróleo y sus derivados).

Entre 1939 y 1951, una vez creada la Comisión Federal de Electricidad en 1937, se había duplicado la capacidad instalada de energía hidroeléctrica pasando a 1 400 371 kw, lo que representaba 50% de la energía globalmente producida (siendo la parte restante: térmica, gas natural y carbón), pero la mayoría de las 321 plantas hidroeléctricas, algunas de tamaño más bien pequeño, se hallaban en las regiones centrales. Las zonas fronterizas del norte importaron energía eléctrica de los Estados Unidos durante los años treinta, mientras el área industrial de Monterrey seguía abasteciéndose de energía, en los cincuenta, a través de plantas generadoras que no formaban parte de ningún sistema interconectado. En 1944 entró en actividad el "sistema Miguel Alemán" de la Comisión Federal de Electricidad en Valle de Bravo en el Estado de México, mientras el aumento de energía producida por las dos grandes compañías extranjeras de la época, que controlaban la comercialización, fue mucho menor.[56] La región central del país en 1950 disponía de 40% de la capacidad instalada de energía y, en efecto, a partir de 1945 en el Distrito Federal y en las zonas cercanas del Estado de México habían empezado a establecerse varias empresas hasta que unas décadas después el área metropolitana de la capital llegó a concentrar un gran número de industrias de productos metálicos, de ensamble y construcción de material de transporte.

Para finales de los años cincuenta, antes de la nacionalización de las compañías extranjeras de electricidad y de la programación de los proyectos para crear nuevas presas hidroeléctricas, alrededor de 75% de la energía se generaba con hidrocarburos a precios bajos; para 1960 había 11 sistemas interconectados pero aislados entre ellos, situación que se fue modificando en los años siguientes hasta que en 1973 se cambió el sistema central de frecuencia y de alta tensión unificando los criterios operativos y mejorando la calidad del servicio; al mismo tiempo se habían tomado disposiciones para revisar las múltiples tarifas regionales. Para 1993 60.8% de la energía producida dependía de plantas que usaban hidrocarburos, 20.7% de plantas hidroeléctricas (cuencas de los ríos Grijalva y Balsas sobre todo), mientras 8.3% correspondía a las centrales carboeléctricas de Coahuila (las unidades de Río Escondido activas desde 1982), además de la energía producida por

---

[56] Cristóbal Lara Beautell, *La industria de energía eléctrica*, FCE, México, 1953, pp. 41 y ss.; Miguel S. Wionczek, *El nacionalismo mexicano y la inversión extranjera*, Siglo XXI Editores, México, 1967, pp. 107 y ss.

la central nuclear de Laguna Verde que representa 2.3%. El consumo de energía eléctrica ha aumentado continuamente desde 1960 pero la media de 1 350 kwh por habitante a principios de los noventa está muy por debajo de los niveles de los países industrializados, aunque no muy distante de los vigentes en Argentina y Brasil por ejemplo, y ante la necesidad de generar energía se requiere una mayor eficiencia para reducir los costos de producción teniendo en cuenta que la industria consume la mitad de la energía generada.

Entre los bienes de consumo duradero relacionados con el proceso de urbanización y con un importante nivel tecnológico cabe recordar una vasta gama de productos entre los que destacan los aparatos eléctricos y electrónicos de uso doméstico. Si se exceptúan las pilas y los acumuladores que se fabricaban ya en los años de 1920 y las lámparas a partir de 1930, las manufacturas eléctricas conocieron un gran impulso a partir de 1940 con la producción de varios elementos conductores de electricidad y, sobre todo, a partir de 1948 con el surgimiento de Industria Eléctrica de México, asociada a la compañía estadunidense Westinghouse, y Manufacturera General Electric que empezaron a fabricar motores eléctricos y varios aparatos de uso doméstico. Se trata de un sector manufacturero que utiliza materiales de otras industrias, empezando por las láminas de acero, y que ha presentado con el tiempo una gran diversificación en términos técnico-productivos y con grandes oscilaciones por lo que se refiere a los rendimientos económicos, pues la producción para el mercado interno no consiguió reducir en una primera fase el alto nivel de importaciones. En 1975 la industria de electrodomésticos ocupaba alrededor de 60 000 trabajadores y 70% de la entera producción nacional estaba cubierto por 22 empresas, de las cuales seis con capital mayoritariamente mexicano, mientras el resto dependía de unas 375 empresas de pequeña y media dimensión.[57]

La industria electrónica tradicional de consumo doméstico, desde la radio a los televisores y a la telefonía, llevó a partir de 1960 a la instalación de plantas de varias empresas europeas y estadunidenses que luego fueron desplazadas por los fabricantes japoneses y en algunos casos las grandes compañías transnacionales como la Philips aprovecharon la apertura comercial para convertirse en distribuidores para el mercado nacional cerrando incluso otras plantas. Sólo a partir de 1981 empezó la producción en México de instrumentos informáticos y la compañía IBM, por ejemplo, obtuvo en 1985 la autorización para producir microprocesores destinados principalmente a la exportación. Cabe destacar que con la creación del Programa de Industrialización Fronteriza en 1965 y la consiguiente instalación de plantas de ensamblaje o maquiladoras para el mercado estadunidense, el sector de aparatos eléctricos (televisores y semiconductores) adquirió una notable importancia y para 1984 el sector eléctrico-electrónico representaba, en virtud de la complementaridad con la localización preeminente de estas actividades industriales estadunidenses en California, 32.2% de las plantas maquiladoras fronterizas, 46.6% del empleo y 49.6% del valor agregado; el aumento de los establecimientos de maquila en los setenta comportó un incremento del empleo de más de 100 000 trabajadores a principios de la década de 1980 con un relativo aumento de los salarios que sin embargo estaban muy por debajo de los establecidos en los Estados Unidos. Hay que señalar que en las maquiladoras de las ramas textil y eléctrico-electrónico prevalecía la mano de obra femenina —83% de

---

[57] Manuel Martínez del Campo, *op. cit.*, pp. 103-104.

la ocupación en 1980— por varias razones, entre las cuales merece recordar la fácil aceptación de salarios más bajos. En algunos casos, las plantas maquiladoras se han ido desplazando de la frontera hacia zonas internas del país como en determinadas ramas de la industria textil hasta años recientes.

Entre los sectores manufactureros de relevancia económica hay que considerar el de la construcción. La producción de cemento en México empezó a principios del siglo XX y se ha caracterizado desde entonces por un alto nivel de concentración de capitales. Entre 1906 y 1909 surgieron las tres principales empresas que llegaron a controlar casi la mitad del mercado nacional: Cementos Hidalgo cerca de Monterrey, Cementos Cruz Azul y Cementos Tolteca —ésta bajo el control de la compañía Portland con sede en Londres— localizadas en el estado de Hidalgo. En los años veinte existían 420 establecimientos que producían materiales de construcción (cemento, canteras, mosaicos y piedras, maderas y mármoles) con alrededor de 8 000 trabajadores, entre los que destacaban por número de obreros ocupados las fábricas de ladrillos y de cerámica como El Ánfora y El Niño Perdido en el Distrito Federal. Entre 1935 y 1940 los programas de obras públicas determinaron un importante nivel de avance, tanto que en 1939 la producción de cemento era de algo más de 400 000 toneladas. El sector de la construcción en general y de la vivienda privada cobró impulso durante la segunda guerra mundial y a pesar del aumento de la producción de cemento se tuvo que recurrir a las importaciones entre 1943 y 1946; a las principales empresas de cemento (Tolteca y Mixcoac de la británica Portland) se añadieron otras nuevas —instaladas con la participación de Nacional Financiera con maquinaria importada de segunda mano y siguiendo criterios de distribución regional— pasando de ocho a 19 entre 1940 y 1950 hasta quadruplicar la producción de cemento que había en 1939. A partir de 1949 la rama de la construcción ha tenido un aumento constante de empresas de diversas dimensiones, pasando de un centenar en 1940 a más de 10 000 en 1981 —año que puede considerarse un parteaguas por lo que respecta la tasa media de crecimiento del sector y por el nivel de empleo de casi dos millones de trabajadores—, pero la abundancia de mano de obra y la escasa calificación que se requiere han determinado niveles salariales bajos.

LA INDUSTRIA AUTOMOTRIZ

La progresiva adopción del transporte motorizado terrestre, desde principios del siglo XX, ha representado una transformación radical en el sistema de comunicaciones y, allí donde existía una red ferrocarrilera, los camiones de carga han jugado un papel complementario, incrementando al mismo tiempo la eficiencia del transporte por carretera de mercancías y su distribución capilar. Para 1925 en México aún no había carreteras, pero tres años después habían sido construidos 695 km llegando a 1 426 km en 1930, casi todos —excepto el tramo entre Monterrey y Nuevo Laredo— en la zona central del país (unían radialmente la capital con Toluca, Puebla, Córdoba y Acapulco); la red de carreteras, sólo en parte asfaltada, alcanzó unos 10 000 km en 1940 para triplicarse en 1956. De unos pocos miles de vehículos circulantes antes de 1920, entre 1925 y 1940 se pasó de unos 8 000 a 41 395, cifras que aumentaron progresivamente en los años posteriores a la segunda guerra mundial, pero que configuraban un nivel muy bajo de motorización y un indicador limitado de tráfico por kilómetro. Los camiones de carga pasaron de unos 60 000 en 1945, cuando surgieron las primeras plantas ensambladoras en Monterrey, a 200 000 en 1955, mientras los automóviles en circulación entre las mismas fechas aumentaron de 98 000 a 267 000; al mismo tiempo el empleo de tractores en la agricultura pasó de 12 500 a 59 500 con el consiguiente aumento del consumo de gasolina y kerosene.[58]

La industria automotriz en México, a pesar del incremento de los vehículos circulantes, fue únicamente de ensamblaje hasta finales de los años cincuenta, una actividad modesta efectuada en talleres de pequeñas dimensiones con costos elevados y cuya efectiva dimensión estuvo por debajo de los proyectos iniciales. En 1925 la empresa estadunidense Ford empezó a vender automóviles y sólo en 1932 entró en función un taller con capacidad de ensamblaje de unas cien unidades diarias aunque la producción efectiva por algunos años no llegó a esta cifra; General Motors creó una subsidiaria en 1937 y dos años después inició sus operaciones Automex de Gastón Azcárraga con licencia de Chrysler, la tercera compañía estadunidense, así también se establecieron plantas armadoras en Puebla y en Tlalnepantla. Desde el principio de la motorización surgieron algunas pequeñas fábricas de cámaras para ruedas de camiones y automóviles (como la Cía. Hulera El Popo fundada en 1924 que ocupaba 90 trabajadores) y en 1935 fue constituida una compañía productora de llantas —desde siempre un sector oligopólico independiente de la industria terminal automotriz—, la Hulera Euzkadi, asociada con la Goodrich, que luego amplió sus actividades financieras. Después de la segunda guerra mundial las plantas de ensamblaje con licencia extranjera se multiplicaron: en las 12 que existían a principios de 1960 se montaban camiones y automóviles de las princi-

---

[58] Enrique Padilla Aragón, "La industria petrolera y su influencia en el desarrollo industrial", en *La industria petrolera mexicana. Conferencias en conmemoración del XX Aniversario de la Expropiación*, UNAM, México, 1958, p. 57.

pales empresas estadunidenses, europeas y japonesas, lo que había dado lugar a la creación de 24 empresas que producían materiales de diferente naturaleza.[59] Aunque la demanda interna había aumentado, las importaciones de vehículos constituían la norma. Entre varios proyectos de la época cabe recordar la instalación de una fábrica en Ciudad Sahagún en el estado de Hidalgo para construir un millar de camiones al año con motores diesel y materiales de origen local por parte de Diesel Nacional S.A., una empresa de capital nacional y extranjero, que en 1957, ante numerosas dificultades productivas y financieras, pasó al control público. En 1959, después de cuatro años del inicio de las operaciones, habían salido de aquel establecimiento sólo 1 076 camiones, pero —excepto apenas un centenar— habían sido montados con materiales totalmente importados, mientras se habían ensamblado, también, 5 700 automóviles.

El decreto presidencial de agosto de 1962 estableció que a partir del 1º de septiembre de 1964 los automóviles para el mercado interno debían contener un 60% de partes producidas en el país, comprendidos los motores, estableciendo de este modo una distinción entre la industria terminal y la de autopartes. Esta medida determinó un cambio en la industrialización de aquellos años por las conexiones que este sector comporta y se perfilaron las directrices de la industria automotriz mexicana y su dependencia respecto al capital y a la tecnología de las compañías extranjeras: de las empresas establecidas en México, que solicitaron instalar plantas propias con base en las normas dictadas en 1962, sólo siete empezaron a operar efectivamente desde entonces, cinco transnacionales (las tres

---

[59] *Tres industrias mexicanas ante la* ALALC. *Siderurgia. Manufactura eléctrica. Automotriz*, Sela, México, 1962, p. 87.

grandes estadunidenses, Volkswagen y Nissan) y dos con participación de capital público nacional, es decir Diesel Nacional —con licencia Renault— y Vehículos Automotores Mexicanos, una empresa asociada con American Motors.[60] Entre 1964 y 1967 surgieron de este modo nuevas plantas para la producción de automóviles en el Estado de México, en Puebla, Toluca y Cuernavaca, algunas de las cuales fueron instaladas con maquinaria y equipo de segunda mano procedentes de fábricas fuera del país de las mismas empresas extranjeras a causa de la menor escala productiva prevista, alrededor de 20 000 unidades anuales —muy por debajo de la existente en los países de origen—, lo que comportaba un menor nivel de mecanización en la industria terminal mexicana y el recurso a formas intensivas de trabajo en las operaciones de montaje.

La dimensión de la escala productiva para la industria terminal automotriz en México ha sido a lo largo del tiempo la causa principal de los problemas del sector y, como han puesto en evidencia varios analistas, este elemento ha dependido, no tanto de la estrechez del mercado interno, sino más bien de la fragmentación productiva, es decir de la presencia contemporánea de un excesivo número de compañías extranjeras operantes, lo que por otro lado, ha constituido desde los años sesenta una característica de los grandes países latinoamericanos en el sector.[61] Este elemento estructural de la industria automotriz mexicana no se ha modificado a pesar de los requisitos del contenido nacional y de la legislación que, a partir de 1969 y hasta años recientes, exigía la compensación, con exportaciones, de los desequilibrios de la balanza de pagos

---

[60] Bennett-Sharpe, "Industria" en Fernando Fajnzylber (coord.), *Industrialización e internacionalización en América Latina*, 2 vols., FCE, México, 1981, vol. I, pp. 198 y ss.
[61] Rhys Owen Jenkins, *Transnational Corporations and the Latin American Automobile Industry*, University of Pittsburgh Press, Pittsburgh, 1987, pp. 60 y ss.

por las crecientes importaciones de materiales y tecnología. En 1971 la producción media por empresa era de 17 500 unidades, pero cabe considerar además que los modelos de automóviles producidos por las varias compañías en México cambiaban en poco tiempo y habían pasado, por ejemplo, de 34 en 1966 a 40 en 1972; este hecho significó que en 1973 el promedio fuera de 4 950 unidades por modelo, con costos elevados y una subutilización de la capacidad instalada, mientras las estimaciones de la época daban como razonable, en términos económicos, 100 000 unidades por modelo o una cantidad inferior de hasta una cuarta parte si la vida media del modelo alcanzaba unos diez años.

La producción global de vehículos en México aumentó en la segunda mitad de los años sesenta para llegar a 136 712 en 1970, creciendo en el transcurso de la década hasta un máximo de 355 497 unidades en 1981 para disminuir luego, con fuertes oscilaciones, según los años con las consiguientes repercusiones en los niveles de empleo en la industria terminal. La producción de autobuses y camiones de carga de dimensiones y tipos variables había superado las 100 000 unidades en 1975 para llegar a un máximo de 241 621 en 1981 y caer rápidamente a 78 348 en 1983, recuperándose luego lentamente. El mercado interno absorbió este aumento productivo en los primeros años. Las exportaciones de vehículos fueron insignificantes hasta 1970, pasaron a poco más de 2 000 unidades en 1972 y a 20 141 en 1973 para disminuir hasta 1977, año en que volvieron a aumentar alcanzando en 1985 la cifra máxima de 58 423 vehículos exportados desde los años sesenta.[62] Las principales casas exportadoras a partir de 1977 fueron Volkswagen,

---

[62] Kurt Unger, *Las exportaciones mexicanas ante la reestructuración industrial internacional. La evidencia de las industrias química y automotriz*, El Colegio de México-FCE, México, 1990, pp. 161-62.

que hasta 1983 exportó hacia Alemania, y Nissan hacia el mercado centroamericano, pero a raíz de la crisis de la deuda de 1982 disminuyó el volumen de ventas. A partir de 1984 dominaron ya el mercado de exportación las empresas estadunidenses, hecho que se consolida con la instalación entre 1984 y 1987 de la planta de Ford en Hermosillo, que comportó una inversión de 500 millones de dólares, y una previsión productiva de 120 000 automóviles destinados a la exportación hacia los Estados Unidos.

Junto al sector terminal dominado por las cinco transnacionales, pues a finales de 1986 Renault se retiró de la producción en México, se había consolidado el de autopartes que según datos censales comprendía 626 establecimientos en 1970, los cuales aumentaron a 714 en 1975, más de la mitad de ellos localizados en el Distrito Federal y en el Estado de México. Sin embargo, las estimaciones indican que el número efectivo de empresas no superaba las 280, calculando que algunas tenían varios establecimientos. El predominio del capital extranjero en la industria terminal había inducido al gobierno en 1972 a proteger las empresas nacionales de autopartes; en 1977 fue adoptado un importante decreto para el fomento de la industria automotriz que establecía cuotas de exportación para que el sector terminal extranjero siguiera operando en México, con porcentajes crecientes de contenido local del sector de autopartes y favorecer de este modo las empresas nacionales, surgidas después de 1950, en un proceso expansivo al amparo de las exportaciones. Tales medidas coincidieron con una reestructuración de la industria automotriz a nivel mundial y con cambios tecnológicos importantes, como la automatización, lo que acentuó la tendencia a aprovechar las ventajas ofrecidas en los costos de producción fuera de los países de origen de las transnacionales.

La reestructuración de la industria automotriz tuvo lugar de hecho en México, bajo el signo de la integración con la estadunidense, es decir en función de economías de escala y de la especialización de las plantas. En efecto, a partir de 1978 surgieron en México nuevas plantas, sobre todo para la producción de motores, que en pocos años comportaron considerables inversiones directas por parte de las transnacionales, empezando en orden temporal por la de motores de Nissan en Toluca y luego el complejo automotriz de Aguascalientes de la misma sociedad; en 1981 entraron en actividad los establecimientos de Ramos Arizpe en Coahuila de Chrysler y General Motors, además de otro de ensamble; en 1983 la planta de motores Ford en Chihuahua y en 1987 la de vehículos Ford-Mazda de Hermosillo, mientras Volkswagen había ampliado sus instalaciones en Puebla y Renault había construido una fábrica de motores en Gómez Palacio antes de retirarse en 1986. Para 1983 el conjunto de la industria automotriz en México tenía una capacidad productiva de 1 370 000 motores al año[63] y el valor de las exportaciones de motores representaba en 1985 72.52% del total exportado por este sector industrial; dos años después la exportación de motores había aumentado a 1.6 millones. Este nivel productivo por parte de las empresas transnacionales, sobre todo las tres estadunidenses, ha dependido en términos comparativos respecto a otros países asiáticos o a Brasil de algunos factores competitivos; entre ellos (materiales, energía, fuerza de trabajo, transporte) el principal, por lo que se refiere al ciclo productivo, ha sido el menor costo en México de la fundición de aluminio para motores, alrededor de 25% menos respecto a los Estados Unidos, por motivos en

---

[63] Francisco Zapata *et al.*, *La reestructuración industrial en México. El caso de la industria de autopartes*, El Colegio de México, México, 1994, pp. 43 y ss.

los que inciden los bajos salarios en México. Por otro lado, la cercanía de México con Estados Unidos ha representado una ventaja en el menor costo del transporte, factor que al mismo tiempo explica la preferencia por la localización de las nuevas plantas en el norte del país.

Si en la producción de motores prevalece todavía el control directo de las grandes empresas transnacionales, en el sector de autopartes, reservado en origen a las empresas nacionales, se han verificado también formas de coinversión por parte de las primeras, lo que ha determinado un proceso de concentración a causa de las economías de escala y de la especialización de las empresas en varios rubros, colocando en posición preeminente a un grupo muy restringido de ellas. De las 400 empresas de autopartes existentes en 1981, 27 controlaban 65% del total de la producción y de las exportaciones; se calculaba además que para finales de los ochenta el conjunto de aquéllas había aumentado a 500, pero la mayor parte eran de pequeña y mediana dimensión con una escasa competitividad. Los niveles de coinversión entre empresas terminales y nacionales de autopartes han sido particularmente importantes en la fundición de aluminio, en la producción de módulos de plástico, del vidrio (grupo Vitro) y de los componentes del sistema de transmisión, mientras en las partes del sistema eléctrico las empresas de capital nacional (grupo Condumex) han mantenido mayor independencia respecto a las transnacionales dada la antigua presencia en el mercado interno y su diversificación productiva. Las empresas nacionales que producen partes de chasis, bombas de agua y carburadores han podido mantener su carácter de industria paraestatal o familiar dada su tradicional especialización en el sistema industrial mexicano y su menor escala productiva. El nivel de integración vertical y horizontal de las grandes empresas transnacionales ha favorecido, pues, formas de coinversión y, al mismo tiempo, ha inducido a crear maquiladoras o plantas gemelas de ensamble de autopartes, especialmente para vestidura de autos y para montaje de componentes eléctricos; por ejemplo, a principios de los ochenta General Motors tenía 14 maquiladoras de este tipo en la región fronteriza, 10 de las cuales en Chihuahua, así como Ford que tenía otras cinco en la misma área.

Los cambios tecnológicos introducidos en la industria automotriz mexicana orientada hacia la exportación han tendido a aumentar el nivel de productividad —medido en unidades por hora, de varias decenas según las plantas— y a modificar las relaciones de trabajo. Por lo que se refiere al empleo en la industria terminal, de aproximadamente 37 000 ocupados de 1975 se pasó a más de 60 000 en 1981, luego se perdieron unos 15 000 puestos de trabajo entre 1982 y 1983. Después de la reestructuración del sector y de los despidos del bienio 1982-1983, el nivel ocupacional se recuperó lentamente. Por lo que respecta a las empresas de autopartes, no obstante las diferencias existentes, las encuestas realizadas indicaban que para 1989 había también una relativa recuperación en términos ocupacionales. En 1992 el número de los trabajadores ocupados en la producción de vehículos, motores y autopartes se estimaba en 270 000 y en 124 000 en las maquiladoras. En general, en la industria automotriz mexicana ha habido una proporción elevada de trabajadores eventuales o a destajo estimada entre 15 y 50% a mitad de los años setenta. La automatización del ciclo productivo, por otro lado, ha determinado una notable reducción de los niveles de calificación del empleo y de las categorías salariales, pero el recurso de los trabajadores eventuales no ha desaparecido pues en la planta de Hermosillo, por ejemplo, donde en 1984 se había programado ocupar 1 080 trabajadores en dos turnos, sólo la mitad resultaron permanentes. A este propósito, cabe señalar que entre las variables tomadas en cuenta para establecer las fábricas de la industria terminal en las regiones del norte, más allá de las consideraciones técnicas e infraestructurales, las cuestiones laborales jugaron un papel específico. En el caso de la planta Ford-Mazda de Hermosillo merece recordar que en la época de su construcción, entre 1984 y 1987, el promedio regional de la semana de trabajo llegaba a 45 horas respecto a las 40 del área industrial metropolitana alrededor de la capital y que los salarios eran más bajos, hecho ya registrado en las instalaciones automotrices de Ramos Arizpe en Coahuila.[64] En definitiva, las encuestas y los análisis a nivel local señalan que los bajos salarios en México han representado una ventaja comparativa relevante para la industria automotriz en la medida que se ha venido integrando con la de Estados Unidos y ha avanzado el proceso de automatización.

Hasta los años ochenta la abundante literatura sobre la sociología de la empresa y sobre los temas del desarrollo ha insistido sobre el hecho de que la estructura industrial de México después de la segunda guerra mundial adolecía de un rezago en la producción de bienes de capital ante la prioridad asignada a las industrias que utilizaban los recursos naturales disponibles en función del mercado interno y que, al mismo tiempo, presentaba desigualdades en varias ramas en términos de capacidad tecnológica, de escala operativa y del alto grado de concentración de la producción en pocos establecimientos. Varios observadores habían señalado la exigencia de impulsar la producción interna de bienes de capital como elemento dinámico de la transformación económica de un país que ha perse-

---

[64] Harley Shaiken y Stephen Herzenberg, *Automatización y producción global. Producción de motores de automóviles en México, los Estados Unidos y Canadá*, UNAM, México, 1989, p. 53.

guido desde los años cuarenta la meta de la industrialización. El valor de la producción manufacturera con respecto al de la producción total creció en México siete puntos percentuales entre 1940 y 1980, lo que para algunos no era suficiente, a pesar de los esfuerzos enormes, para compensar los desequilibrios externos. La fase de estancamiento industrial que se abrió a raíz de la crisis de la deuda de 1982, con los ciclos recesivos que siguieron hasta 1989, ha determinado cambios en la política macroeconómica y de liberalización comercial, tras los programas de ajuste monetario, dirigidos a favorecer la inserción en la economía internacional rompiendo así el esquema que veía ancladas las empresas al mercado interno para llegar rápidamente a una situación en la que prevaleciera el comercio de los productos industriales ya sea en las importaciones que en las exportaciones.

La internacionalización de la actividad manufacturera de los últimos años ha determinado modificaciones en la estructura productiva: la industria textil, por ejemplo —así como la siderurgia, la de los productos metálicos y otras—, ha perdido dinamismo y ante la caída de la demanda interna —a pesar de las importaciones tras la apertura comercial— ha incrementado sus exportaciones pero con una disminución de los niveles de productividad. Las industrias que han registrado un aumento de las exportaciones superior a 15% del producto desde 1985 han sido la química y la automotriz, que juntas representaban en 1992 casi 30% de la producción industrial nacional tras un proceso intenso de reestructuración.

Las características de la industria química alentaron desde un principio la vocación exportadora del conjunto del sector —con variaciones según las empresas— que ha crecido con el tiempo habida cuenta que los Estados Unidos mantiene un predominio a nivel mundial en esta rama y que las condiciones establecidas por el Tratado de Libre Comercio ofrecen posibilidades de una mayor integración y nuevas perspectivas.

El incremento de la participación del sector automotriz en el comercio exterior ha dependido en buena medida del hecho que la producción en México de las compañías estadunidenses, desde 1980, fue concebida en función de las exigencias del mercado estadunidense ya sea por lo que se refiere a los motores, a los vehículos desde 1985 y al mismo sector de autopartes, una tendencia que no se ha manifestado en igual proporción en el caso de Volkswagen o de las plantas de la japonesa Nissan aunque haya conseguido exportar hacia otros mercados latinoamericanos. Los cambios que se han verificado en la estructura de la industria mexicana, desde la ampliación de su base productiva a su mayor inserción en los flujos del comercio internacional, imponen todavía la necesidad de interrogarse sobre las dificultades implícitas en el modelo de desarrollo seguido a partir de los años cincuenta que varias generaciones de atentos analistas mexicanos han percibido críticamente desde entonces en más de una ocasión.

Bibliografía

Alba Vega, Carlos, y Dirk Kruijt, *Los empresarios y la industria en Guadalajara*, El Colegio de Jalisco, Guadalajara, 1988.

Alvarado, Armando, y Guillermo Beato, *La participación del Estado en la vida económica y social mexicana, 1767-1910*, INAH, México, 1993.

Anderson, Rodney D., *Outcasts in Their Own Land. Mexican Industrial Workers, 1906-1911*, Northern Illinois University Press, DeKalb, 1976.

Anguiano Téllez, María Eugenia, *Agricultura y migración en el valle de Mexicali*, El Colegio de la Frontera Norte, Tijuana, 1995.

Arias, Patricia (coord.), *Guadalajara, la gran ciudad de la pequeña industria*, El Colegio de Michoacán, Zamora, 1985.

Ayala Espino, José, *Estado y desarrollo. La formación de la economía mixta mexicana (1920-1982)*, FCE, México, 1988.

Barajas Manzano, Javier, *Aspectos de la industria textil de algodón en México*, Instituto de Investigaciones Económicas, México, 1959.

Bargalló, Modesto, *La minería y la metalurgia en la América Española durante la época colonial*, FCE, México, 1955.

Barrett, Ward, *La hacienda azucarera de los marqueses del Valle (1535-1910)*, Siglo XXI Editores, México, 1977.

Basurto, Jorge, *El proletariado industrial en México (1850-1930)*, UNAM, México, 1981.

Bazant, Jan, "Evolución de la industria textil poblana (1544-1845)", en *Historia Mexicana*, vol. XIII, núm. 4, El Colegio de México, México, abril-junio de 1964.

Beato, Guillermo, "Los inicios de la gran industria y la burguesía en Jalisco", en *Revista Mexicana de Sociología*, UNAM, México, enero-marzo de 1986.

_____ y Doménico Síndico, "The Beginning of Industrialization in Northeast Mexico", en *The Americas*, vol. XXXIX, núm. 4, 1983.

Béjar Navarro, Raúl, y Francisco Casanova Álvarez, *Historia de la industrialización del Estado de México*, México, 1970.

Bennett-Sharpe, "Industria", en Fernando Fajnzylber (coord.), *Industrialización e internacionalización en América Latina*, 2 vols., FCE, México, 1981.

Bernecker, Walter L., *De agiotistas y empresarios. En torno a la temprana industrialización mexicana (siglo XIX)*, Universidad Iberoamericana, México, 1992.

_____, *Contrabando. Ilegalidad y corrupción en el México del siglo XIX*, Universidad Iberoamericana, México, 1994.

Bernstein, Marvin, *The Mexican Mining Industry. A Study of Politics, Economics and Technology*, State University of New York, Albany, 1964.

Cárdenas, Enrique, *La industrialización mexicana durante la Gran Depresión*, El Colegio de México, México, 1987.

_____ (comp.), *Historia económica de México*, 5 vols., FCE, México, 1990-1994.

_____, *La política económica en México, 1950-1994*, FCE, México, 1996.

Cardoso, Ciro F. S. (coord.), *Formación y desarrollo de la burguesía en México, siglo XIX*, Siglo XXI Editores, México, 1978.

Carrera Stampa, Manuel, *Los gremios mexicanos. La organización gremial en Nueva España (1521-1861)*, Ediapsa, México, 1954.

Carrillo, Jorge (comp.), *Reestructuración industrial. Maquiladoras en la frontera México-Estados Unidos*, CNCA, México, 1989.

Castel, Odile, *L'electronique dans le développement industriel du Mexique*, Ed. de l'Orstom, Paris, 1991.

Cerutti, Mario, *Burguesía, capitales e industria en el norte de México. Monterrey y su ámbito regional (1850-1910)*, Alianza Editorial, México, 1992.

Chávez Orozco, Luis, *Historia económica y social de México*, Botas, México, 1938.

―――― y Enrique Florescano, *Agricultura e industria textil de Veracruz. Siglo XIX*, Universidad Veracruzana, México-Xalapa, 1965.

Cline, Howard, *The United States and Mexico*, New York, 1960.

Coatsworth, John H., *El impacto económico de los ferrocarriles en el porfiriato*, Era, México, 1984.

―――― , *Los orígenes del atraso. Nueve ensayos de historia económica de México en los siglos XVIII y XIX*, Alianza Editorial, México, 1990.

Cole, William E., *Steel and Economic Growth in Mexico*, University of Texas Press, Austin, 1967.

Cordera, Rolando (coord.), *Desarrollo y crisis de la economía mexicana. Ensayos de interpretación histórica*, FCE, México, 1981.

Crespo, Horacio et al., *Historia del azúcar en México*, 2 vols., FCE, México, 1988-1990.

Deans-Smith, Susan, *Bureaucrats, Planters and Workers. The Making of the Tobacco Monopoly in Bourbon Mexico*, University of Texas Press, Austin, 1992.

Directorio de la industria azucarera de México en el año de 1925, Revista Industrial de México, S.A., México.

Dombois, Rainer, *La producción automotriz y el mercado del trabajo en un país en desarrollo. Un estudio sobre la industria automotriz mexicana*, Wissenschaftzentrum Berlin, Berlín, 1985.

Economía e industrialización. Ensayos y testimonios. Homenaje a Gonzalo Robles, FCE, México, 1982.

Estrada Urroz, Rosalina, *Del telar a la cadena de montaje. La condición obrera en Puebla, 1940-1976*, Universidad Autónoma de Puebla, Puebla, 1997.

(La) estructura industrial de México en 1950, Banco de México, S.A., México.

(La) estructura industrial de México en 1960, Banco de México, México, 1967.

Ford, Bacon & Davies, Inc., *Industrias mecánicas de México*, Banco de México, México, 1949.

Frost, Elsa Cecilia et al. (comp.), *El trabajo y los trabajadores en la historia de México*, El Colegio de México-University of Arizona Press, México, 1979.

Galarza, Ernesto, *La industria eléctrica en México*, FCE, México, 1941.

Gamboa Ojeda, Leticia, *Los empresarios de ayer. El grupo dominante en la industria textil de Puebla, 1906-1929*, Universidad Autónoma de Puebla, Puebla, 1985.

García Acosta, Virginia (coord.), *Los precios de alimentos y manufacturas novohispanas*, Ciesas-Instituto Mora, México, 1995.

García Díaz, Bernardo, *Un pueblo fabril del porfiriato: Santa Rosa, Veracruz*, Sep/80, México, 1981.

Garza Villarreal, Gustavo, *El proceso de industrialización en la ciudad de México (1821-1970)*, El Colegio de México, México, 1985.

Gereffi, Gary, "Empresas", en Fernando Fajnzylber (coord.), *Industrialización e internacionalización en América Latina*, 2 vols., FCE, México, 1981.

Giral B., José et al., *La industria química en México*, Redacta, México, 1978.

Godau, Rainer, *Estado y acero: historia política de Las Truchas*, El Colegio de México, México, 1982.

Gómez-Galvarriato, Aurora (coord.), *La industria textil en México*, Instituto Mora, México, 1999.

Gómez Serrano, Jesús, *Aguascalientes: imperio de los Guggenheim*, Sep/80, México, 1982.

González Jácome, Alba (coord.), *La economía desgastada. Historia de la producción textil en Tlaxcala*, Universidad Iberoamericana, México, 1991.

González Navarro, Moisés, *Las huelgas textiles en el porfiriato*, Cajica, Puebla, 1970.

González Sierra, José, *Monopolio del humo. (Elementos para la historia del tabaco en México y algunos conflictos tabaqueros veracruzanos: 1915-1930)*, Universidad Veracruzana, Jalapa, 1987.

Grosso, Juan Carlos, *Estructura productiva y fuerza de trabajo. Puebla 1830-1890*, Cuadernos de la Casa Presno, Puebla, 1984.

Haber, Stephen H., *Industria y subdesarrollo. La industrialización en México, 1890-1940*, Alianza Editorial, México, 1992.

_____, "La economía mexicana, 1830-1940. Obstáculos a la industrialización", en *Revista de Historia Económica*, Madrid, 1990, núm. 1, I, pp. 81-93, núm. 2, II, pp. 335-62.

_____, "Concentración industrial, desarrollo del mercado de capitales y redes financieras basadas en el parentesco: un estudio comparado de Brasil, México y los Estados Unidos, 1840-1930", en *Revista de Historia Económica*, Madrid, 1992, pp. 99-124 y pp. 213-40.

Hamilton, Nora, *México: los límites de la autonomía del Estado*, Era, México, 1983.

Herrera Canales, Inés, *El comercio exterior de México, 1821-1875*, El Colegio de México, México, 1977.

Historia moderna de México. El porfiriato. Vida económica, 2 vols., Hermes, México, 1965.

Illades, Carlos, *Hacia la república del trabajo. La organización artesanal en la ciudad de México, 1853-1876*, El Colegio de México, México, 1996.

(La) industria azucarera en México, 4 vols., Banco de México, México, 1953.

(La) industria, el comercio y el trabajo en México durante la gestión del Señor Gral. Plutarco Elías Calles, 5 vols., Secretaría de Industria, Comercio y Trabajo, México, 1928.

(La) industria siderúrgica nacional y el proyecto siderúrgico Lázaro Cárdenas-Las Truchas, Nafinsa, México, 1972.

Islas G., Gabino, *La mano de obra en la industria de hilados y tejidos de algodón*, Banco de México, México, 1956.

Jáuregui, Jesús et al., *Tabamex. Un caso de integración vertical de la agricultura*, Nueva Imagen, México, 1980.

Jenkins, Rhys Owen, *Transnational Corporations and the Latin American Automobile Industry*, University of Pittsburgh Press, Pittsburgh, 1987.

Keremitsis, Dawn, *La industria textil mexicana en el siglo XIX*, SepSetentas, México, 1973.

King, Thimothy, *Mexico, Industrialization and Trade Politics Since 1940*, Oxford University Press, London, 1970.

Lara Beautell, Cristóbal, *La industria de energía eléctrica*, FCE, México, 1953.

Lenz, Hans, *Historia del papel en México y cosas relacionadas, 1525-1950*, Porrúa, México, 1990.

Levy-Oved, Albert, y Sonia Alcocer Martán, *Las maquiladoras en México*, Sep/80, México, 1983.

Liehr, Reihnart, *Ayuntamiento y oligarquía en Puebla, 1787-1810*, 2 vols., SepSetentas, México, 1976.

Loyola Montemayor, Elías, *La industria del pulque*, Banco de México, México, 1956.

Marichal Salinas, Carlos (comp.), *La economía mexicana (siglos XIX y XX)*, El Colegio de México, México, 1992.

_____ y Mario Cerutti, *Historia de las grandes empresas en México, 1850-1930*, FCE, México, 1997.

Márquez, Máttar, "Competitividad", en Fernando Clavijo y José I. Casar (comps.), *La industria mexicana en el mercado mundial. Elementos para una política industrial*, 2 vols., FCE, México, 1994.

Martínez del Campo, Manuel, *Industrialización en México. Hacia un análisis crítico*, El Colegio de México, México, 1985.

Melville, Roberto, *Crecimiento y rebelión. El desarrollo económico de las haciendas azucareras en Morelos (1880-1910)*, Nueva Imagen, México, 1979.

Mentz, Brígida von et al., *Trabajo y sociedad en la historia de México, siglos XVI-XVIII*, Casa Chata, México, 1992.

Mercado García, Alfonso, *Estructura y dinamismo del mercado de tecnología industrial en México. Los casos del poliéster, los productos textiles y el vestido*, El Colegio de México, México, 1980.

México. 50 años de Revolución. I. La Economía, FCE, México, 1960.

México: una estrategia para desarrollar. La industria de bienes de capital, Nafinsa, México, 1977.

México: los bienes de capital en la situación económica presente, Nafinsa, México, 1985.

Meyer, Lorenzo, e Isidro Morales, *Petróleo y nación (1900-1987). La política petrolera en México*, FCE, México, 1990.

Micheli, Jordy, *Nueva manufactura, globalización y producción de automóviles en México*, UNAM, México, 1994.

Minello, Nelson, *Siderúrgica Lázaro Cárdenas-Las Truchas. Historia de una empresa*, El Colegio de México, México, 1982.

Miño Grijalva, Manuel, *Obrajes y tejedores de Nueva España, 1700-1810*, Instituto de Cooperación Iberoamericana, Madrid, 1990.

_____, *La manufactura colonial. La constitución técnica del obraje*, El Colegio de México, México, 1993.

_____, *La protoindustria colonial hispanoamericana*, El Colegio de México, México, 1993.

Mosk, Sanford A., *Industrial Revolution in Mexico*, University of California Press, Berkeley, 1950.

Muriá, José Ma. (coord.), *Historia de Jalisco*, Guadalajara, 3 vols., Uned-Gobierno de Jalisco, 1981.

Obregón Martínez, Arturo, *Las obreras tabacaleras de la ciudad de México (1764-1925)*, Cehsmo, México, 1982.

Ouwneel, Arij, y Cristina Torales Pacheco (coords.), *Empresarios, indios y Estado. Perfil de la economía mexicana (siglo XVIII)*, Universidad Iberoamericana, México, 1992.

Padilla Aragón, Enrique, "La industria petrolera y su influencia en el desarrollo industrial", en *La industria petrolera mexicana. Conferencias en conmemoración del XX Aniversario de la Expropiación*, UNAM, México, 1958.

Pape, Harold P., "Five Years of Achievement at Altos Hornos Steel Company", en *Basic Industries in Texas and Northern Mexico*, University of Texas Press, Austin, 1950.

Paré, Luisa (coord.), *El Estado, los cañeros y la industria azucarera 1940-1980*, UNAM, México, 1987.

Pérez Núñez, Wilson, *L'investissement direct international et l'industrialisation mexicaine*, OCDE, Paris, 1990.

Pérez Toledo, Sonia, *Los hijos del trabajo. Los artesanos de la ciudad de México, 1780-1853*, El Colegio de México, México, 1996.

Peña, Sergio de la, y James Wilkie, *La estadística económica en México. Los orígenes*, Siglo XXI Editores, México, 1994.

Plana, Manuel, *El reino del algodón en México, La estructura agraria de La Laguna (1855-1910)*, Universidad Autónoma de Nuevo León, Monterrey, 1996.

Potash, Robert A., *El Banco de Avío de México. El fomento de la industria, 1821-1846*, 2a. ed., FCE, México, 1986.

Portos, Irma, *Pasado y presente de la industria textil en México*, UNAM-Nuestro Tiempo, México, 1992.

Pozas, Ricardo, y Matilde Luna (coords.), *Las empresas y los empresarios en el México contemporáneo*, Grijalbo, México, 1989.

Puga, Cristina, y Ricardo Tirado (coords.), *Los empresarios mexicanos, ayer y hoy*, El Caballito, México, 1992.

Ramos Escandón, Carmen, *La industria textil y el movimiento obrero en México*, UAM, México, 1988.

Reyes Heroles, Jesús, *El liberalismo mexicano*, 3 vols., FCE, México, 1982.

Rivero Quijano, Jesús, *La revolución industrial y la industria textil en México*, 2 vols., Porrúa, México, 1990.

Rojas, José Antonio, *Desarrollo nuclear en México*, UNAM, México, 1989.

Ruedo Peiro, Isabel (coord.), *Tras las huellas de la privatización. El caso de Altos Hornos de México*, Siglo XXI Editores, México, 1994.

Ruiz de Velasco, Felipe, *Historia y evolución del cultivo de la caña y de la industria azucarera en México hasta el año 1910*, Ediciones Cultura, México, 1937.

Salvucci, Richard J., *Textiles y capitalismo en México. Una historia económica de los obrajes, 1539-1840*, Alianza Editorial, México, 1992.

Sandoval, Fernando B., *La industria del azúcar en Nueva España*, UNAM-Instituto de Historia, México, 1951.

Saragoza, Alex M., *The Monterrey Elite and the Mexican State, 1880-1940*, University of Texas Press, Austin, 1988.

Sariego, Juan Luis et al., *El Estado y la minería mexicana. Política, trabajo y sociedad durante el siglo XX*, FCE, México, 1988.

Schuler, Friedrich E., "De la multinacionalización a la expropiación de la empresa alemana IG Farben y la creación de una industria química mexicana, 1936-1943", en *Secuencia*, núm. 13, México, 1989.

(El) sector eléctrico de México, FCE, México, 1994.

Semo, Enrique, *Historia del capitalismo en México. Los orígenes, 1521-1763*, Era, México, 1973.

_____, *Historia mexicana. Economía y lucha de clases*, Era, México, 1978.

Shaiken, Harley, y Stephen Herzenberg, *Automatización y producción global. Producción de motores de automóviles en México, los Estados Unidos y Canadá*, UNAM, México, 1989.

Silva Herzog, Jesús, *El pensamiento económico en México*, FCE, México, 1947.

_____, *El pensamiento económico, social y político de México, 1810-1964*, Instituto Mexicano de Investigaciones Económicas, México, 1967.

Snoeck, Michèle, *La industria petroquímica básica en México, 1970-1982*, El Colegio de México, México, 1986.

———, *La industria de refinación en México, 1970-1985*, El Colegio de México, México, 1989.

Solís, Leopoldo, *La realidad económica mexicana: retrovisión y perspectivas*, Siglo XXI Editores, México, 1970.

Super, John Clay, *La vida en Querétaro durante la Colonia, 1531-1810*, FCE, México, 1983.

Thomson, Guy P. C., *Puebla de los Ángeles. Industry and Society in a Mexican City, 1700-1850*, Westview Press, Boulder, 1989.

Torón Villegas, Luis, *La industria pesada del norte de México y su abastecimiento de materias primas*, Banco de México, México, 1963.

——— y Amós Salinas Alemán, *La industria siderúrgica no integrada de México*, Banco de México, México, 1965.

Tortolero Villaseñor, Alejandro, *De la coa a la máquina de vapor. Actividad agrícola e innovación tecnológica en las haciendas mexicanas: 1880-1914*, Siglo XXI Editores, México, 1995.

Tres industrias mexicanas ante la ALALC. Siderurgia. Manufactura eléctrica. Automotriz, Sela, México, 1962.

Trujillo Bolio, Mario, *Operarios fabriles en el valle de México (1864-1884). Espacio, trabajo, protesta y cultura obrera*, El Colegio de México, México, 1997.

Unger, Kurt, *Las exportaciones mexicanas ante la reestructuración industrial internacional. La evidencia de las industrias química y automotriz*, El Colegio de México-FCE, México, 1990.

———, *Ajuste estructural y estrategias empresariales en México. Las industrias petroquímica y de máquinas herramientas*, CIDE, México, 1994.

Uribe Salas, José Alfredo, *La industria textil en Michoacán, 1840-1910*, Universidad Michoacana de San Nicolás Hidalgo, Morelia, 1983.

Villarreal, Arnulfo, *El carbón mineral en México. (Notas para la planeación de la industria básica)*, Ediapsa, México, 1954.

Vinagreras G., Mario, *Fabricación de fibras sintéticas*, Banco de México, México, 1955.

Viqueira, Carmen y José Ignacio Urquiola, *Los obrajes en la Nueva España (1530-1630)*, CNCA, México, 1990.

Walker, David W., *Parentesco, negocios y política. La familia Martínez del Río en México, 1823-1867*, Alianza Editorial, México, 1991.

Williams, Edward J., *The Rebirth of the Mexican Petroleum Industry*, University of Arizona, Lexington, 1979.

Wionczek, Miguel S., *El nacionalismo mexicano y la inversión extranjera*, Siglo XXI Editores, México, 1967.

────── *et al.*, *La transferencia internacional de tecnología. El caso de México*, 2a. ed., Siglo XXI Editores, México, 1988.

Wobeser, Gisela von, *La hacienda azucarera en la época colonial*, SEP-UNAM, México, 1988.

Zapata, Francisco, *La política siderúrgica en Francia y en México*, El Colegio de México, México, 1990.

────── *et al.*, *Las Truchas. Acero y sociedad en México*, El Colegio de México, México, 1978.

────── *et al.*, *La reestructuración industrial en México. El caso de la industria de autopartes*, El Colegio de México, México, 1994.

Índice

Presentación 7
ENRIQUE SEMO

Introducción 11

Manufacturas e industrias intensivas de recursos
   naturales renovables 21
   El obraje y el trabajo doméstico de algodón 21
   La industria textil 32

Manufacturas e industrias de transformación
   de productos primarios 55
   El ingenio 55
   Las fábricas de tabaco y otras industrias 64

Industrias de recursos naturales no renovables
   e intensivas de tecnología 77
   La industria siderúrgica 77
   La industria química 90

Industrias de transformación de bienes de consumo final 99
   La industria mecánica y secundaria 99
   La industria automotriz 108

Bibliografía 121

Las industrias, siglos XVI al XX, escrito por Manuel Plana, de la colección Historia Económica de México, editado por la Dirección General de Publicaciones y Fomento Editorial, en coedición con Editorial Oceano de México, se terminó de imprimir en octubre de 2004 en los talleres de Impresos y Encuadernaciones, SIGAR, que se localizan en la calzada de Tlalpan 1702 colonia Country Club, en la ciudad de México, D.F. La encuadernación de los ejemplares se hizo en los mismos talleres. Formación realizada en Ediciones de Buena Tinta, S.A. de C.V., Insurgentes Sur 1700, 6º piso, colonia Florida. C.P. 01030, México, D.F. Se usaron tipos Giovanni Book de 17/20 y 10/14, Frutiger de 18/20 y 9/12. En la impresión de los interiores se usó papel ahuesado de 75 g. El diseño de interiores lo hizo Marycarmen Mercado; y el de la portada, Marco Xolio. La edición consta de 4 000 ejemplares.